国家级职业教育规划教材

全国职业院校艺术设计类专业教材

手绘效果图表现技法

（第二版）

胡嘉欣　李维聪　主编

 中国劳动社会保障出版社

简介

本教材共包括七章。第一章介绍室内手绘效果图的作用、表现技法及优秀室内手绘效果图的特点，帮助初学者认识室内手绘效果图。第二章介绍室内手绘效果图常用的纸类、笔类和辅助工具。第三章介绍训练线条掌控力的方法。第四章介绍一点透视和两点透视的原理及训练方法，并拓展介绍了利用方体的透视特征徒手绘制家具的方法。第五章介绍室内软装的表现技巧，包括各类软装单体的体型特征和尺寸比例，以及组合家具的绘制步骤及技巧。第六章分别从画面构图、空间定位和透视角度三个方面介绍了室内空间的线稿表现步骤与技巧。第七章分别从运笔技巧、常用室内材质的色彩表现、单体家具表现、组合家具表现和空间色彩表现五个方面介绍了室内空间的色彩表现步骤与技巧。

教材需要临摹的手绘效果图案例素材可登录技工教育网（http://jg.class.com.cn)，搜索相应的书目，在相关资源中下载。

本教材由胡嘉欣、李维聪任主编。

图书在版编目（CIP）数据

手绘效果图表现技法 / 胡嘉欣，李维聪主编 . -- 2 版 . -- 北京：中国劳动社会保障出版社，2022
全国职业院校艺术设计类专业教材
ISBN 978-7-5167-5326-2

Ⅰ.①手… Ⅱ.①胡…②李… Ⅲ.①建筑设计 – 绘画技法 – 职业教育 – 教材 Ⅳ.①TU204.11

中国版本图书馆 CIP 数据核字（2022）第 071761 号

中国劳动社会保障出版社出版发行
（北京市惠新东街 1 号 邮政编码：100029）

*

北京市艺辉印刷有限公司印刷装订 新华书店经销
880 毫米 × 1230 毫米 16 开本 15 印张 351 千字
2022 年 6 月第 2 版 2022 年 6 月第 1 次印刷
定价：**52.00 元**

读者服务部电话：（010）64929211/84209101/64921644
营销中心电话：（010）64962347
出版社网址：http://www.class.com.cn
　　　　　　http://jg.class.com.cn

前言

艺术设计类专业的研究内容和服务对象有别于传统的艺术门类，它涉及社会、文化、经济、市场、科技等诸多领域，其审美标准也随着时代的变化而改变。2022年，我们对全国职业院校艺术设计类专业教材进行了修订，重点做了以下几方面的工作。

第一，更新了教材内容。对上版教材中的部分内容进行了调整、补充和更新，使教材更加符合当前职业院校艺术设计类专业的教学理念和实践方法。进一步增加了实践性教学内容的比重，强调运用案例引导教学。这些案例一部分来自企业的真实设计，缩短了课堂教学与实际应用的距离；还有一部分来自优秀学生作品，它们更加贴近学生的思维，容易得到学生的共鸣，增强学生学习的自信心。

第二，提升了教材表现形式。通过选用更优质的纸张材料、更舒适的图书开本及更灵活的版式设计，增加了教材的时代感和亲和力，激发了学生的学习兴趣。同时，加强了图片、表格及色彩的运用，营造出更加直观的认知环境，提高了教材的趣味性和可读性。

第三，加强了教材立体化资源建设。在教材修订的同时，开发了与教材配套的电子课件，包含上机操作内容的教材还提供了相关素材，可登录技工教育网（http://jg.class.com.cn），搜索相应的书目，在相关资源中下载。

本套教材的编写得到了有关学校的大力支持，教材编审人员做了大量工作，在此我们表示衷心的感谢！同时，恳切希望广大读者对教材提出宝贵的意见和建议。

人力资源社会保障部教材办公室

目录 Contents

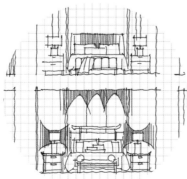

第一章

概述

本章知识点

◆ 室内手绘效果图的作用。

◆ 室内手绘效果图表现技法的分类。

◆ 优秀室内手绘效果图的特点。

　　手绘效果图是室内设计师表现自我想法的专业技能。优秀的室内手绘效果图能带给客户更直观的视觉感受，能更好地传达设计师的设计理念和艺术情感，有助于方案的实现；同时更是设计师对设计方案进行分析、对比和展现设计创意最快捷的手段，也是衡量设计师专业水平的重要标准。

第一节

SECTION 1
室内手绘效果图的作用

学习目标

能简单阐述室内手绘效果图的三大作用。

　　手绘效果图运用较写实的绘画手法来表现室内空间结构与造型形态，它既要体现功能性又要体现艺术性，同时受描绘对象生产工艺的制约。一般的绘画作品侧重于感性创作，注重形态的真实性，而手绘效果图则需要运用理性的观念来作图，所以手绘效果图相对于一般绘图来说是理性与感性的结合体。

　　曾经，手绘效果图是室内设计方案最终唯一的表现方式，是向客户展示方案最终效果的重要表现手段。一张室内手绘效果图往往需要大量的时间和精力来完成，最终的优秀成品也是细致、精确和富有艺术感的。

　　在计算机效果图已经普及的今天，效果图的制作速度和真实性都得到了很大的提高，设计方案已不再需要通过手绘效果图来做最终展示，因此当前手绘效果图的作用发生了重大的变化。

一、推敲设计思路

手绘效果图表达是设计中的一个重要环节，它是一种快速的表达和记录手段。手绘的技巧越熟练，能记录的形象越多。手绘效果图在锻炼和提高造型能力与积累素材的同时，还能增强对造型艺术的敏感度，让设计师思维更加活跃，能够迸发出更多的灵感。出众的手绘能力能帮助设计师把脑海中灵光一现的想法快速、简洁、明了地记录下来，把握转瞬即逝的创作灵感。

许多著名的室内设计师都会利用手绘的方式来做方案。图 1-1 至图 1-4 是设计师在构思方案时的设计草图和线稿，杂乱的线条和文字记录着设计师的设计概念和设计意图。

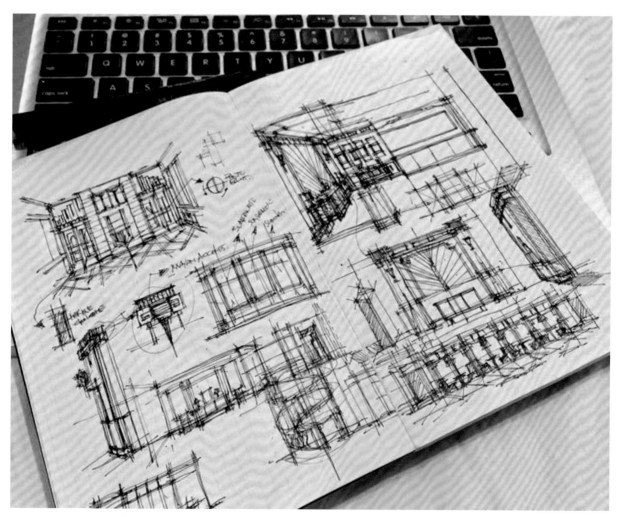

图 1-1　设计概念草图

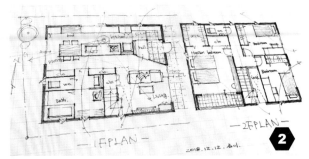

❶ 图 1-2　平面布局推敲
❷ 图 1-3　分析室内视线与通风条件
❸ 图 1-4　推敲整体空间效果

在创作的过程中，设计师能通过设计草图分析、研究艺术的表现形式与内容，不断推敲设计方案的可能性和合理性，逐步确定最终的设计方案。这也是在整个设计过程中最有成就感的环节。

设计草图是设计初期的方案雏形，以线为主，是思考性质的，一般比较潦草，不用追求太多的效果和准确性。但这里的潦草并不是乱，它只是因为快速而显得潦草。设计草图充满了可以继续推敲的可能性和不确定性。设计草图必须能充分地反映设计灵感和设计意图，它可以用平面图、立面图、剖面图和透视图的方式来推敲空间关系和细节的处理意图。

二、表现设计方案

在设计过程中，设计师需要和客户保持沟通，手绘效果图是沟通过程中快速表现设计方案和表达设计意图的重要手段。此时，手绘效果图以说明空间关系和结构为宗旨，以解释性的草图为主，附上简单的颜色和说明性的文字，画面较为清晰，且空间关系明确（见图1-5），甚至在某些情境中设计师会使用艺术化的表现效果达到引人瞩目的效果（见图1-6）。

在确定好最终的设计方案后，设计师将开展后续的具体化设计，这时候手绘效果图也成为设计师和制图员的重要沟通工具。设计师会通过手绘效果图向制图员表达设计的整体效果和方案细节，制图员则会根据手绘效果图制作图纸和计算机效果图，并将最终成果给客户交底。

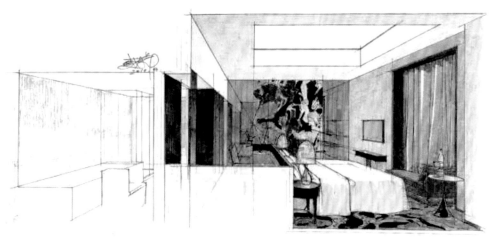

图1-5 解释性草图

图 1-6 富有艺术表现效果的手绘效果图

三、传达施工意图

任何室内设计都是从记录设计灵感的设计草图开始，到最终通过工程施工实现设计灵感。在施工现场经常会碰到施工人员对某些结构不理解或者施工图纸与现场不符的情况，这时就需要设计师通过手绘效果图与现场施工人员进行沟通或调整。

手绘效果图能在施工前、施工中起到良好的辅助作用，设计师将临时调整的图纸和施工参数快速绘制在纸上，用图形的方式直观地传达施工意图，让设计与施工相结合，从而实现准确施工的目的。

这时候的手绘效果图以表明结构细节为目的，对图纸的规范性和尺度、比例的准确性要求较高，应通过线稿的形式表现不同材质（见图 1-7 至图 1-9）。这非常考验设计师对手绘技巧的掌握程度。

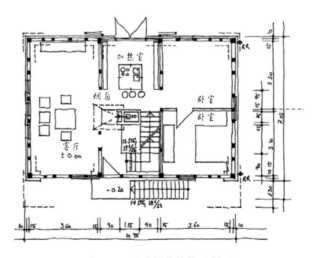

图 1-7 尺寸规范的徒手制图

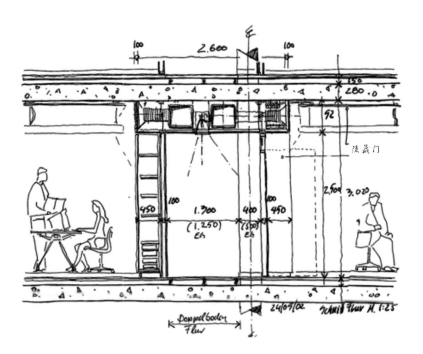

图 1-8　尺度、比例正确的徒手制图

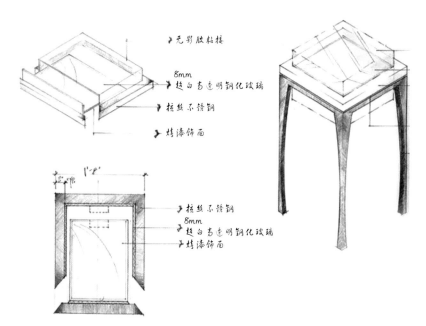

图 1-9　用文字标注进一步传达施工
意图

思考与练习

1. 室内手绘效果图在各个设计阶段都有哪些重要作用？

2. 室内手绘效果图在不同的作用下分别有什么特点？

第二节 SECTION 2
室内手绘效果图的表现技法

学习目标

1. 了解传统手绘和现代手绘的表现技法及表现效果。

2. 能区分传统手绘和现代手绘的特点。

　　手绘效果图领域有较多的表现技法，如铅笔素描表现、钢笔线描淡彩表现、马克笔表现、彩色铅笔表现、水彩表现、水粉表现、喷绘表现、综合表现和计算机辅助手绘设计表现等。不同的表现技法有不同的特色，但它们都依附于光影、色彩、透视、构图等绘画知识，是集科学性和具象性于一体的专业绘画形式。这些表现技法都能起到传达设计意图的作用。按照目前室内行业的使用率，可以将手绘效果图表现技法分为传统手绘表现和现代手绘表现两大类。

一、传统手绘的精细表现

　　传统手绘的精细表现技法包括铅笔素描表现、水彩表现、水粉表现、喷绘表现等（见图1-10至图1-12）。

　　直到二十世纪90年代初，手绘效果图仍然是室内设计方案的最终表现途径。在没有电脑效果图的年代，行业对手绘效果图的准确度和精细度要求都非常高，空间、材质、色彩需要被真实地表现出来，这十分考验设计师的综合能力。设计师要对整个空间有充分的认知和判断，并具备深厚的审美素养和精湛的手绘表现技能，才能绘制出优秀的手绘效果图。

图 1-10　铅笔素描表现技法

图 1-11 水彩表现技法

图 1-12 喷绘表现技法

传统手绘效果图有几个共同的特点：风格写实，层次丰富，细节精致，质感逼真。要完成如此精细的传统手绘效果图，除了需要花费较长时间，还需要齐全的绘画工具和特定的绘画场所。因此，精细的传统手绘效果图随着科技的进步和行业需求的改变而被逐渐淘汰。

二、现代手绘的快速表现

当今行业发展节奏越来越快，竞争趋于激烈，设计师在绘制手绘效果图时很自然地选择了快速的表现形式，随手可得的圆珠笔也成为现代手绘的工具之一。现代手绘的快速表现技法包括钢笔线描淡彩表现、马克笔表现、彩色铅笔表现和计算机辅助手绘设计表现等（见图1-13至图1-16）。

图 1-13　钢笔线描淡彩表现技法

图 1-14　马克笔表现技法

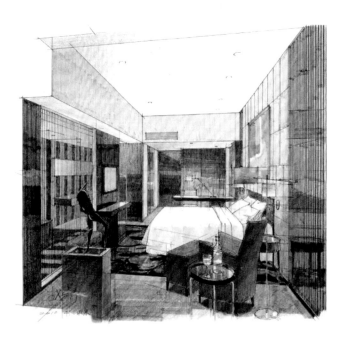

图 1-15　彩色铅笔表现技法

图 1-16 计算机辅助手绘设计表现技法

现代手绘要求绘画线条简洁、结构准确、颜色生动，降低了对画面精细度的要求，以能够在现场沟通时快速、明确地表达设计意图为宗旨。利用快速表现技法绘制的现代手绘效果图具有独特的感染力，艺术审美价值也不比精细的传统手绘效果图差。同时，快速的手绘表现技法让现代手绘效果图摆脱了工具和场地的约束，设计师能更自由地进行创作与沟通，因此其实用性更高。

思考与练习

1. 传统手绘和现代手绘分别有哪些表现技法？

2. 现代手绘的表现技法有哪些特点？

第三节
SECTION 3
优秀室内手绘效果图的特点

学习目标

能运用理论知识分析与评价室内手绘效果图作品。

绘制效果图应以绘画的基本理论知识为依据（如对透视原理的正确认识），再运用绘画的基本观察方法将所观察到的物体形象、色彩通过光影的不同展现出来，从而使效果图与实际形象相吻合，使画面中表现的虚拟空间具有实际空间所显现的形与色。绘制效果图是一个从认识到描摹到记忆再到呈现的过程。

一、准确性

准确性是指表现的效果必须符合物体本身设计的造型要求，如空间感，体量的比例、尺度、结构、构造等。准确性是手绘效果图的生命线，绝不能脱离实际尺寸而随心所欲地改变形体和空间的限定，或者完全背离客观的设计内容而主观片面地追求画面的某种"艺术趣味"，或者错误地理解设计意图，表现的效果与原设计相去甚远。准确性始终是设计的第一要求。

二、真实性

手绘效果图注重画面的形式美感处理，如画面的用色、布局和整体氛围，注重空间的美感形式，如线条的曲直及线与线、面与面的交接、转折关系，营造空间的整体氛围等。手绘效果图的真实性是指造型表现符合规律，空间氛围营造真实，形体光影、色彩的处理遵循透视学和色彩学的基本规律与规范，灯光色彩、绿化及人物点缀等方面也都符合设计师所设计的效果。设计师应该从日常生活的常见事物中感受、发现、捕捉能够表现的真实元素，再运用到具体的训练中，这样的设计才是新鲜的、具有生命力的，并能够真正体现设计师的原创力。

三、说明性

手绘效果图是设计的展示，能明确表示室内外设计材料的质感、色彩、植物特点、家具风格、灯具位置及造型、饰物出处等，并对空间的高低层次有清楚的展示。

四、艺术性

一幅效果图的艺术魅力以真实性和科学性为基础，同时有赖于造型艺术严格的基本功训练。空间氛围的营造，点、线、面构成规律的运用，视觉图形的感受等必然会增强效果图的艺术感染力。在真实的前提下，合理、适度的夸张、概括与取舍也是必要的。罗列所有的细节只能给人繁杂的感觉，不分主次、面面俱到只能给人平淡的感觉。选择最佳的表现角度、最佳的光线配置、最佳的环境气氛，这本身就是一种创造，也是设计自身的进一步深化。精湛的表现技能成熟于不断的积累和思考磨炼之中，在深邃的艺术之海中探索和追求是对设计师韧性、气质、品格的培养过程。就手绘表现而言，"约束中的自由"是手绘表现对技法的认知和表现思想在实践中逐渐趋于成熟的标志。用艺术手法将精神和生命注入环境形象是手绘表现的艺术目标，在此过程中设计师揭示艺术的真谛和美的情趣。

思考与练习

尝试运用本节知识分析设计大师梁思成、梁志天、路德维希·密斯·凡德罗、安藤忠雄和雅布的手绘作品。

第二章

常用工具

本章知识点

◆室内手绘效果图常用纸类的特点。

◆室内手绘效果图常用笔类的特点。

◆室内手绘效果图常用辅助工具的特点。

室内手绘效果图的艺术形式多种多样，所用的画纸、画笔、工具也种类繁多、各有特色。熟练掌握手绘效果图的绘制工具极其重要。只有深入了解绘制工具才能在绘制过程中得心应手，完成高质量的手绘作品。

第一节 | SECTION 1
常用纸类

学习目标

了解室内手绘效果图常用纸类及其特性。

纸是手绘效果图的重要绘制材料之一。现代室内手绘效果图的常用纸类有复印纸、硫酸纸、马克笔专用纸、水彩纸和水粉纸等。

一、复印纸

复印纸是初学者最理想的纸张，常用规格为 A3 和 A4。复印纸的纸面光滑、细致，适用于所有的设计用笔，吸水性适中，且性价比高，十分适合用于练习和推敲方案。

复印纸的纸张质量有 70 g、80 g 和 90 g。90 g 的复印纸要更厚实一些，整体质感优于 70 g，当然价格也会比 70 g 的高 30% ~ 60%。如果只是练习线稿的话，70 g 的复印纸也可以，不过综合考虑后期的上色练习、绘制手感和性价比，推荐 80 g 复印纸。

二、硫酸纸

硫酸纸的纸质半透明，强度高，质地坚实、密致，适用于推敲设计方案平面和立面。硫酸纸有

63 g A4、63 g A3、73 g A4、73 g A3、83 g A4、83 g A3、90 g A4、90 g A3 等多种规格。设计师经常把硫酸纸附在图纸上方绘制设计草图，或者将多张画有方案草图的硫酸纸重叠起来检查方案的合理性。

由于硫酸纸的透明性，手绘初学者可以用它来进行拷贝和临摹练习。硫酸纸是可以提高学习效率的练习工具。

三、马克笔专用纸

马克笔专用纸是进行手绘表现的最佳纸张，属于中性无酸纸，不会因为摆放时间长而变黄，所以能让手绘作品长时间保存。马克笔专用纸的常用规格为 A3 和 A4。

马克笔专用纸的质量一般为 250 g，纸质要比普通的复印纸光滑，且受潮后不会变得不平整，非常适合马克笔和彩色铅笔的联合使用。和复印纸相比，马克笔专用纸的笔感更流畅，且笔触边界分明，色彩还原度高，没有色偏，在同一个位置多次涂画也不容易渗透到下一张纸上，手绘效果较好。马克笔专用纸的价格大约是 90 g 复印纸的 3 ~ 4 倍。

四、水彩纸和水粉纸

水彩纸和水粉纸的表面都有纹理，纸质厚实，适用于彩色铅笔、水彩和水粉渲染，不适用于马克笔，常用规格为 4 开、8 开和 16 开。

水彩纸比水粉纸的吸水性更好，纸面纤维更强壮，不易因为重复涂抹而破裂、起毛。水彩纸的纸质分为麻质和棉质。麻质水彩纸适合绘制精细的水彩手绘。棉质水彩纸的吸水速度和干燥速度比麻质水彩纸快，因此适合水彩技法中重叠法的艺术表现，其唯一的缺点是画面会随着时间而褪色。

水粉纸表面有圆形的坑点，比水彩纸更厚，颗粒纹路更明显，适用于特殊材质质感的表现，但同时由于其特殊性而限制了其使用范围。

思考与练习

根据训练需求采购适合自己的纸张。

第二节 SECTION 2 常用笔类

学习目标

了解室内手绘效果图常用笔类及其特性。

熟练掌握画笔的特性才可以在创作上有更大的发挥空间。现代室内手绘效果图常用的笔类有自动铅笔、中性笔、针管笔、美工笔、圆珠笔、彩色铅笔、马克笔和高光笔等。

一、自动铅笔

铅笔是绘画中必备的工具，主要用来打底稿、定位基本透视关系，以及在设计过程中推敲方案的光影效果。自动铅笔（见图 2-1）比铅笔更便捷、省时，其常用规格为 0.5 mm，替换笔芯有 HB ~ 6B。

自动铅笔的种类多种多样，价格也各不相同，但好的自动铅笔有五大特点：①握笔稳定，不会因为手出汗而滑移；②有优质护芯管，不会在绘制过程中断芯；③重心合适，稳定而不易疲劳；④不易滚动，耐摔；⑤做工精良。自动铅笔太沉则容易手累，太轻则掌握感弱。练习者可以根据自己的手感选择适合自己的自动铅笔。

图 2-1 自动铅笔

二、中性笔

中性笔（见图2-2）就是日常写字用的签字笔，是平时手绘时最常用到的笔。中性笔线条粗细均匀且性价比高，非常适合初学者使用，常用规格为0.5 mm。由于在初学阶段需要进行大量练习，所以一支中性笔往往2～3天就用完了，所以不建议买价格太高的中性笔，只要手感适合、不漏墨就可以。

三、针管笔

针管笔和中性笔都属于线条粗细均匀的画笔。针管笔和中性笔的区别在于，中性笔绘制的线条宽窄是固定的，而针管笔根据针管管径的大小能画出0.15～3.0 mm不同宽窄的线条（见图2-3），因此在设计制图时至少应备有细、中、粗三种不同粗细的针管笔。

针管笔的管径越大，出水量越大，寿命越短。在笔尖的使用角度方面，0.1～0.3 mm的针管笔无太多要求，0.4 mm以上的针管笔由于出水量大，使用一段时间后需要将笔垂直才能正常出水，在这一点上针管笔没有中性笔使用方便。

四、美工笔

美工笔是专业的绘图笔，和一般钢笔相似，但笔头弯曲（见图2-4）。美工笔采用不同的笔头倾斜度和力度能画出粗细不一的线条，因此用美工笔绘制的画面灵动而有变化，非常适合钢笔线描淡彩表现。

在选择美工笔的时候需要注意三个方面——笔头的弯曲长度和弯曲角度及笔的重量。笔头的

图2-2 中性笔

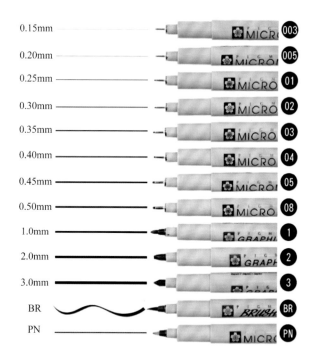

图2-3 不同针管管径画出的线条对比

弯曲长度越大，线条的变化就越大。笔头的弯曲角度过小或过大都会给绘图带来不便。笔的重量太重则容易手累，而重量太轻则掌握感弱。一支好的美工笔笔头的弯曲长度最好是 2～3 mm，弯曲角度以 50 度为佳，笔的重心以不偏后为宜。

图 2-4　书写钢笔（左一）与美工笔（右一、右二、右三、右四）的笔头对比

五、圆珠笔

用圆珠笔绘制的手绘效果图有独特的魅力，因此受到部分设计师的青睐。通过力度和用笔角度的变化，圆珠笔能画出细腻、有明暗变化的画面（见图 2-5）。常用圆珠笔的颜色为蓝色，有 0.38 mm、0.5 mm 和 0.7 mm 三种规格。由于圆珠笔会漏油，所以绘画时要及时清理笔头上的油墨，以免弄脏画面。

六、彩色铅笔

彩色铅笔是一种操作简单且比较容易掌握的绘画工具，画出来的效果类似于铅笔，颜色丰富，能被橡皮擦擦去。彩色铅笔可以单色购买，也可成套购买，有 12 色系列、24 色系列、36 色系列、48 色系列、72 色系列、96 色系列等。

图 2-5　圆珠笔富有特色的排线

彩色铅笔分为两种（见图 2-6），一种是水溶性彩色铅笔（可溶于水），另一种是不溶性彩色铅笔（不溶于水）。一般市面上购买的大部分彩色铅笔都是不溶性的，能通过颜色叠加呈现不同的画面效果，表现力强且价格便宜，是绘画入门的最佳选择。水溶性彩色铅笔遇水后色彩会晕染开，呈现水彩般透明的效果。水溶性彩色铅笔的价格比不溶性彩色铅笔高 10%～20%。由于水溶性彩色铅笔含有可溶解的颜料，所以不适合用于耐久性作品的绘制。

图 2-6　水溶性彩色铅笔与不溶性彩色铅笔的对比

彩色铅笔通过不同的削法会产生不同的笔触效果。用削笔刀削的彩色铅笔画出的线条统一、

过渡细腻；用普通刀片削的彩色铅笔会产生凹凸不平的笔尖，随着角度变化、回转能画出有味道的线条，适用于表现特殊材质。

如果彩色铅笔只是作为辅助的上色工具，建议单色购买。彩色铅笔常用的单色为黄色、天蓝色、白色和褐色。

七、马克笔

马克笔是现代室内手绘效果图表现中最常用的绘画工具，其色彩明快、使用便捷、适用面广泛，是初学者的首选画笔。

马克笔分为油性和水性两种。目前市场上的油性马克笔又称为酒精性马克笔，因为长时间接触传统油性马克笔中的对二甲苯溶剂会导致视力下降甚至失明，所以后来用酒精替代对二甲苯作为油性马克笔的溶剂。油性（酒精性）马克笔快干、耐水和耐光性好，颜色多次叠加不伤纸，适合快速表现。水性马克笔颜色亮丽，具有透明感，可溶于水，能做出类似水彩的效果，但多次叠加后颜色会变灰。室内手绘效果图多用双头油性（酒精性）马克笔（见图 2-7）。

在配色上，各种色相都需要准备亮部、灰部和暗部三款颜色，灰色和棕色要多配。可单选或购买商家配好的套装，如果需要采购商家配好的套装，建议购买 48 色以上的室内配色套装，这样色彩和画面感更丰富、过渡更柔和。

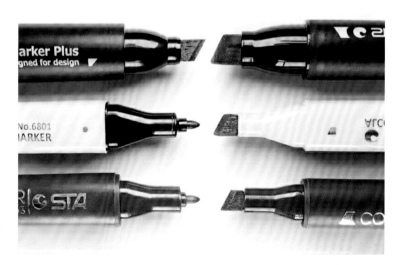

图 2-7　三种不同搭配的
　　　　双头马克笔

八、高光笔

高光笔（见图 2-8）是手绘创作中提高画面局部亮度的工具，通常在作品将要完成的时候用来提

升画面效果及修补画面一些细微的瑕疵。高光笔用得好能起到画龙点睛的作用，但要注意高光笔不等同于修改液，不能过度依赖。且高光笔不能用在彩色铅笔上面。

图 2-8　覆盖力强的高光笔

思考与练习

到现场了解各种画笔的特性，采购自己需要的画笔。

第
三
节 | SECTION 3
常用辅助工具

学习目标

了解室内手绘效果图常用辅助工具及其特性。

要绘制一幅好的室内手绘效果图，除了必需的纸和笔，还需要用到一些辅助工具，包括橡皮擦、美工刀、墨水、直尺和色标卡等。

一、橡皮擦、美工刀

硬质橡皮擦能擦掉铅笔和彩色铅笔，完成画面的局部修改，是画图的必备辅助工具。目前市面上有一种多方角橡皮擦，一个橡皮擦上有 28 个角，能轻松擦除细微处。

美工刀可用于削铅笔或给橡皮擦切出尖角，便于修改画面的细微处。

二、墨水

目前市面上的墨水色彩丰富，有些甚至添加了金粉，和美工笔搭配使用可以让画面更有艺术表现力。但要注意，金粉会堵塞美工笔，美工笔被堵塞后如果不及时清洗会导致出水不流畅。

墨水分为防水和不防水两种（见图 2-9）。不防水的墨水在遇水后会发生晕染，因此在使用前要弄清楚墨水的特性，判断该墨水是用于绘画线稿还是做淡墨晕染。

三、直尺

直尺能在画空间时用于辅助绘制较长的线条。建议购买30 cm带有格子的透明直尺。注意直尺只做辅助用，不要过度依赖。

Waterproof | Not Waterproof

图 2-9 防水墨水与不防水墨水的对比

四、色标卡

色标卡是每个绘画者都必须准备的颜色"字典"。绘画者需要把自己的马克笔按色相或编号排序，依次画在纸上，旁边写上笔的编号（见图2-10），这样以后在每次画图的时候就可以借助色标卡快速找到自己需要的马克笔。

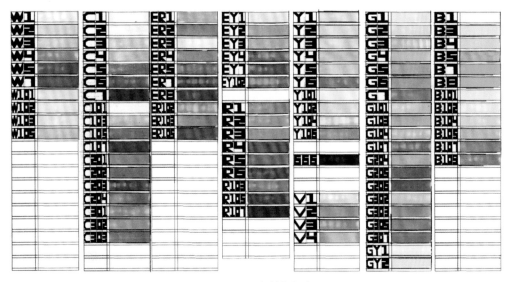

图 2-10 自制色标卡

思考与练习

根据需要采购自己所需的辅助工具，并制作色标卡。

第三章

线条练习

本章知识点

◆辨别正确的线条和错误的线条。

◆绘制直线和曲线的技巧和练习方法。

◆室内平面的手绘表现技巧。

线条是室内手绘效果图的灵魂，在手绘表现中占有举足轻重的地位。一张优秀手绘效果图中的线条既要有表现力，又要能准确表达物体的结构和明暗关系。手绘线条分为直线和曲线，掌握绘制线条的正确技巧和练习方法会让设计师在手绘表现时更得心应手。

第一节

SECTION 1
直线

学习目标

1. 能徒手画出长度约 22 cm 的快直线。

2. 能画出流畅自然的抖线。

3. 能画出不同角度的快直线和抖线。

在室内手绘效果图中运用直线的地方比较多，如家具、柜体、空间结构等都需要用直线来表现。现代室内手绘效果图的直线分为快直线和抖线。

一、快直线

快直线有力度感和速度感，表现力强，用快直线画出的物体更有张力。快直线是室内手绘效果图中最常用的直线。要画好快直线，首先要做到流畅，下笔快、轻、稳，一气呵成（见图 3-1），忌拘谨犹豫。

1. 绘制技巧

（1）手腕和指关节要放松，自然握笔，像写字的感觉。

（2）在画线过程中要综合运用手指、手腕、手臂和肩膀的力量，越长的线条越要用到上臂的力量。

（3）起笔前先思考，可拉动手臂找准方向和感觉，下笔要果断。

（4）起笔时要来回两下，强调线头，行笔过程一定要快、轻、稳，停笔时稍做停留，不要马上提笔，这样画出的线条既有力度又有轻重变化。

（5）线条需要延长时，可留一段微小的距离后再继续，保持整体的流畅感（见图 3-2）。

2. 容易犯错的地方

错误的快直线如图 3-3 所示，具体原因如下：

（1）指关节紧张，下笔过重，画完后纸的背面能摸到画线时压出的纹，这样的线条缺少变化。

（2）手腕压着桌面不移动，这样就像圆规画线，画出来的线条肯定是弯的。同理，画长线条时手肘固定不移动，画出的线条肯定也不直。

（3）单纯追求快，缺少控制，停笔时不停留，这样画出的线条太轻、太飘，而且很难画直。

（4）下笔犹犹豫豫、小心翼翼，不敢拉长线，像画素描时的拉线一样一点点地画，这样画出的线条会显得毛躁，失去快直线的力度感和速度感。

（5）画错了之后反复修改，这样画出的线条同样给人毛躁的感觉。

（6）两条线重叠在一起，破坏了原线条的流畅感。

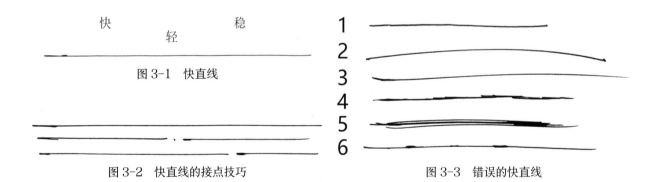

图 3-1　快直线

图 3-2　快直线的接点技巧　　　　　图 3-3　错误的快直线

3. 练习方法

练习方法一定要讲究科学性。要先从短线开始练，慢慢增加线的长度，循序渐进，培养耐心，做到心到手到、心停手停（见图 3-4 和图 3-5）。

（1）短线练习时，将 A3 纸折四等份，做 1/4 宽的横线、竖线、斜线练习，每条线间隔大约 3 mm。如果画错，不要在原线上修改，可在画下一条线时改回来。

（2）中长线练习时，将 A3 纸对折，做 1/2 宽的横线、竖线、斜线练习，匀速练习，像切菜一样寻找手感。

（3）长线练习时，将 A3 纸折四等份，做 3/4 宽的横线、竖线、斜线练习。练习的过程不要在意线的曲直，注意手臂的感觉，慢慢调整找到把线条画直的用力感，然后不断强化这个感觉。

（4）综合练习时，画出大概 15 cm×15 cm 的方形，在中间做横线、竖线、斜线练习，每条线间隔大约 3 mm（见图 3-6）。练习的目的是强化对线条的控制力，注意方形的横线和竖线相交于各自回笔的区域。

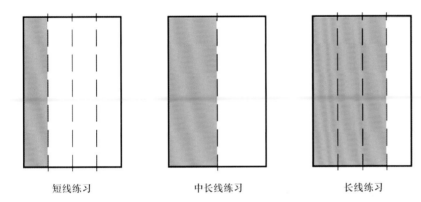

短线练习　　　　　　　　中长线练习　　　　　　　　长线练习　　　　图 3-4　三种长度的快直线练习

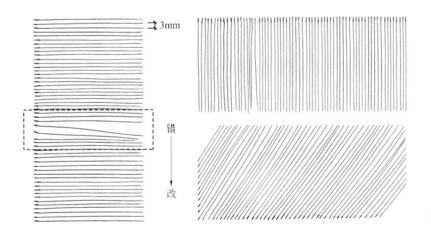

图 3-5　横线、竖线、斜线练习

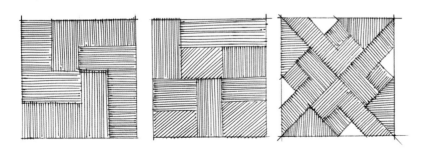

图 3-6　快直线的综合练习

二、抖线

抖线给人自由、休闲的感觉，比快直线更容易控制走向和停留位置，能给人更多的思考时间，因此经常用于绘制设计草图。抖线要流畅、自然，切忌刻意抖动（见图3-7）。

1. 绘制技巧

（1）手腕和指关节放松，自然握笔。

（2）行笔要慢、轻、稳。

（3）起笔时要来回两下，强调线头，行笔一小段距离后（约2～3cm），手腕随着拉动微微抖动，自然画出带有小波浪的线条。

（4）线条需要延长时，可留一段微小的距离后再继续，保持整体的流畅感（见图3-8）。

2. 容易犯错的地方

错误的抖线如图3-9所示，具体原因如下：

（1）刻意抖动。

（2）波浪太大。

（3）接点时两条线重叠在一起，破坏了原线条的流畅感。

3. 练习方法

由于抖线比较自由，可以边画边思考方向和停留位置，接点也不影响整体效果，所以不需要做距离练习，一般在立面抄绘练习中练习抖线：即在小方格纸上用抖线抄绘优秀设计方案的立面图，这样可以在积累设计素材、提升艺术内涵的同时体会轻松、随意的用笔，培养耐心（见图3-10）。

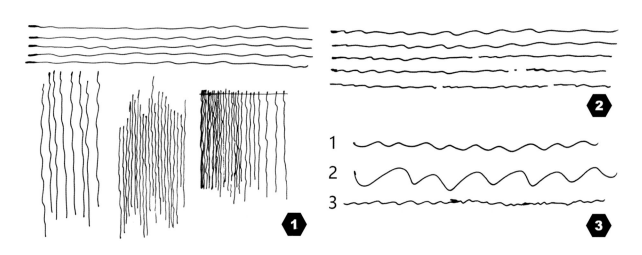

❶ 图 3-7　抖线

❷ 图 3-8　抖线的接点技巧

❸ 图 3-9　错误的抖线

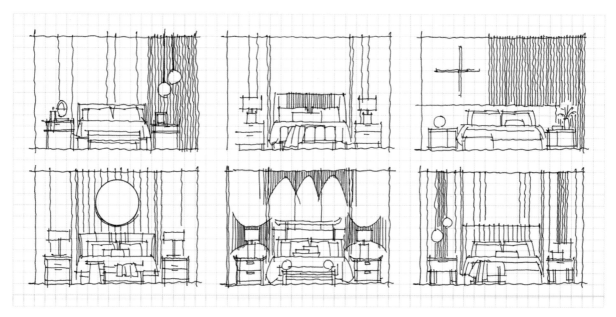

图 3-10 立面抄绘练习

思考与练习

1. 根据快直线的练习方法展开横、竖、斜线练习。

2. 根据抖线的练习方法展开立面抄绘练习。

3. 仔细观察错误案例，对比检查自己的练习质量，并根据绘制技巧逐步改善。

第二节

SECTION 2
曲线

学习目标

1. 能画出各种类型的曲线。

2. 能用分段的方式画出受控的自由曲线。

3. 能徒手画出饱满的圆。

曲线具有丰富的表现力和感染力，节奏感、韵律感和运动感是曲线的主要特点，在室内手绘效果图中植物、灯具、圆形家具、摆件等都需要用曲线来表现。根据不同物体的表现特点，曲线可分为 m/w 曲线、大曲线和小括号。

一、m/w 曲线

m/w 曲线，顾名思义就是运笔像字母 m 和 w 的曲线，主要用在投影、盆栽、室内景观的表现上（见图 3-11 ）。

1. 绘制技巧

（1）手腕和指关节放松，自然握笔。

（2）下笔要稳，行笔要匀速，频率要密。

（3）感觉手累的时候先暂停，缓一缓，留一段小距离后继续画（见图 3-12 ）。

2. 容易犯错的地方

错误的 m/w 曲线如图 3-13 所示，具体原因如下：

（1）指关节紧张，下笔过重，这样画出来的任何线条都缺乏感染力。

（2）弧线的距离间隔太远，不紧凑。

（3）画得太快，变成了电话线。

（4）没有强调出尖头，变成了波浪线。

---

❶ 图 3-11　m/w 曲线

❷ 图 3-12　m/w 曲线的接点技巧

❸ 图 3-13　错误的 m/w 曲线

3. 练习方法

根据 m/w 曲线的用途，分别练习水平行笔、圆弧行笔和投影填充（见图 3-14）。

（1）与 A3 纸的长边平行，分别根据字母 m 和 w 水平行笔。每个字母的行笔大概 3 ~ 5 行即可，找到合适的行笔频率，并尝试暂停和接点。

（2）分别用字母 m 和 w 的行笔画圆，圆的直径在 3 ~ 5 cm 即可。注意行笔的频率，切忌画成波浪线，并尝试暂停和接点。

（3）画出高度差不超过 1 cm 的平行线，用字母 m 或 w 的行笔在里面填充。注意要匀速，不可留白或超出区域，培养耐心。

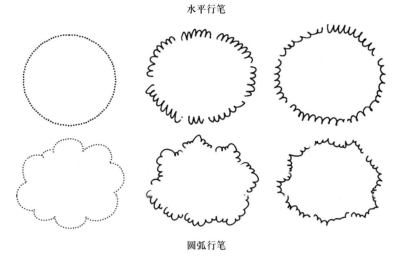

水平行笔

圆弧行笔

投影填充

图 3-14 m/w 曲线的练习方法

二、大曲线

在绘制室内手绘效果图时，会有很多带 S 曲线的装饰物，如花瓶、装饰灯等。在绘制这类物体时，一般会把这条 S 曲线分解为若干大曲线来完成，在可控范围内追求流畅飘逸、收放自如的效果。

1. 绘制技巧

（1）手腕和指关节一定要放松，放下心理包袱，自然握笔。

（2）把 S 曲线分解成若干大曲线，预估每段曲线的弧度和距离。如果认为确实较难实现，可在曲线的开始和结束位置用笔点一下做定位。

（3）起笔时稍做停顿，行笔过程要灵巧、轻快，收笔时轻盈提笔，不在纸上停留。

（4）在开始下一段曲线时要处理好两段曲线的衔接关系，两条线不用真的接在一起，只需有接起来的意思即可。如果之前的曲线有做定位，第二段曲线则要在上一条曲线的结束定点上开始起笔（见图 3-15）。

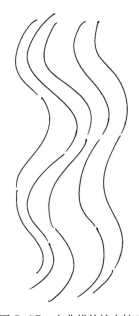

图 3-15 大曲线的接点技巧

2. 容易犯错的地方

错误的大曲线如图 3-16 所示，具体原因如下：

（1）手腕不放松，握笔太紧张，画出的大曲线不够轻盈、流畅。

（2）两段大曲线连在一起，破坏了整体的流畅性。

3. 练习方法

用多段大曲线完成如图 3-17 所示的大曲线练习，用笔要轻巧，营造整体的流畅感，注意相邻两条大曲线的起笔和收笔要错开。

❶ 图 3-16　错误的大曲线

❷ 图 3-17　大曲线练习

三、小括号

室内空间较少有巨大的球形物体，但会有很多小型的球形装饰物，如灯泡、灯座、圆镜、艺术品等。在画球体的时候可以分开两笔完成，运笔要轻快、放松，就像画小括号一样，这样画出来的球体十分饱满（见图 3-18）。

1. 绘制技巧

（1）指关节放松，自然握笔。

（2）心情轻松，预估球体的大小，如果自认为难度稍大，可在球体的顶部和底部点上一点做定位。

（3）指关节用力，像画括号一样，运笔要轻盈、放松，收笔

图 3-18　球体的画法

时不要有停留。

2. 容易犯错的地方

错误的球体如图 3-19 所示，具体原因如下：

（1）指关节太紧张，画出的球体太死板。

（2）小括号的弧度画得太圆或不够圆，画出的球体不饱满。

（3）收笔时收不住，导致两条弧线相交。

3. 练习方法

用画小括号的方法，按照如图 3-20 所示的图形进行小、中、大球体的练习。要注意起笔和收笔的衔接，不要出现交叉的线条，最终完成的作品应该像一条饱满的珍珠项链。

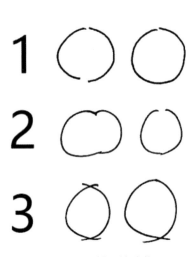

图 3-19　错误的球体

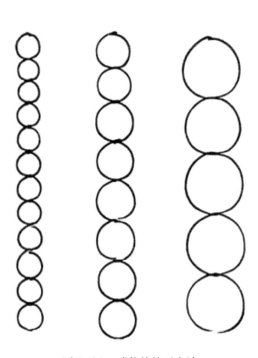

图 3-20　球体的练习方法

思考与练习

1. 根据 m/w 曲线、大曲线和小括号的练习方法展开练习。

2. 仔细观察错误案例，对比检查自己的练习质量，并根据绘制
技巧逐步改善。

第三节
SECTION 3
线条在室内平面的表现

学习目标

1. 找到适合自己的尺度和比例，并能按比例徒手画出长度分别为 1 ~ 5 m 的 5 条线段。

2. 能徒手绘制比例正确的家具平面图。

3. 能徒手绘制比例正确的室内平面图。

　　在室内空间中，平面布局设计是设计师首要考虑的问题，它直接影响使用的舒适度和方案的空间形态。室内平面手绘表现由于绘制速度快，作图直观，能用线条、色彩、文字、图例等方式记录和表现设计师的思考过程，所以非常适合平面布局设计的推敲。同样，室内平面手绘表现也适用于室内设计过程中现场测量与勘查、资料收集、方案设计等阶段。

　　室内平面手绘表现不仅是要给设计师自己欣赏，更是重要的沟通手段。在现实的设计沟通中，偶尔会遇到因为设计师徒手绘制的平面不标准、画面混乱、数据不清晰而导致的沟通障碍，沟通效率低的同时，设计师也给人留下不够专业的印象。所以设计师在沟通过程中能绘制一幅比例准确、细节清晰、数据齐全的平面图非常重要，这既展示了自己的专业能力，也让接下来的沟通更加顺畅。

　　在实际应用中，建筑结构和家具布局是室内平面手绘表现的重点。因此，高超的线条控制力和平面家具手绘表现力是优秀室内平面手绘表现的根基。

一、线条控制力

线条不仅要画得直、爽、帅，更要画得稳、准、妥。线条服务于造型，它应该具备表达尺度的能力。失控的线条即使画得再好看，作用也不大。手绘要实现心到手到的目标，除了练手，更要练心。对平面图中线段的长度和线段之间的距离做到心中有数，才能保证画出的手绘平面图比例正确、具有价值。

练习方法如下（见图 3-21）：

1. 找一个尺度的标准，可以是尺子的 1 cm，也可以是大拇指指甲的宽度。建议在自己手上找标准，这样方便在运笔的过程中随时做参考。

2. 根据找到的标准，在 A3 纸上用铅笔定下 1 ~ 5 倍标准的宽度，然后做横线、竖线的拉线练习，熟悉各种距离的手感。

3. 当积累一定的手感后，在纸上绘制不同倍数的宽度，再用标准检测偏差值。如果偏差太大，则重复第二步。如此循环，直至达到练习的目的。

4. 一定要培养手感，不能每次都依赖标准，否则效率会很低，影响沟通。

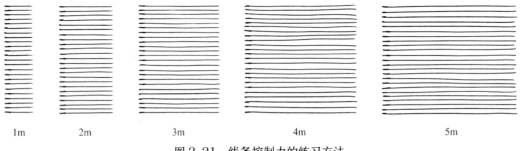

1m   2m   3m   4m   5m

图 3-21 线条控制力的练习方法

二、平面家具手绘表现

要绘制平面图，必须熟练掌握常用家具的平面尺寸和比例，这样画出来的平面图才具有现实意义。

现代家具为了节约成本、方便组装和便于运输，均采用了模数化设计，150 mm 几乎是各种家具尺寸的最小共同模数。例如，椅子的高度是 3 × 150 mm，桌子的高度是 5 × 150 mm，床的宽度分别是 6 × 150 mm（单人床）、8 × 150 mm、10 × 150 mm、12 × 150 mm。n × 150 mm 基本可以组成任意一个家具上可以用到的值。

虽然具体实物会因为造型、审美取向、建筑模数等原因而导致尺寸有所变化，但整体而言不会和模数存在很大的差异。

练习方法如下：

临摹图 3-22 至图 3-26 中的家具平面手绘图，熟悉室内各种家具的平面尺寸和比例，同时训练各种尺度的手感，强化对线条的控制力。

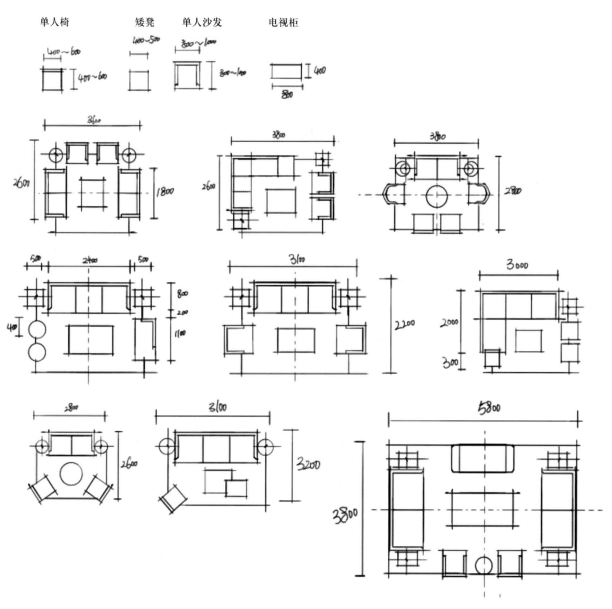

图 3-22 客厅常用家具平面手绘图

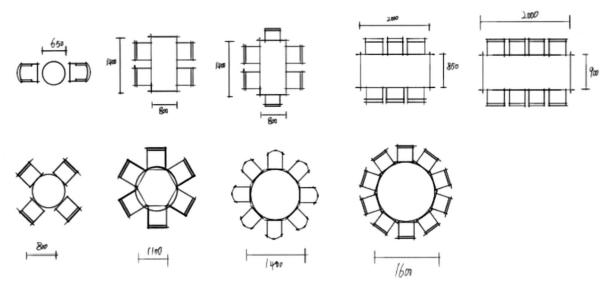

图 3-23　餐厅常用家具平面手绘图

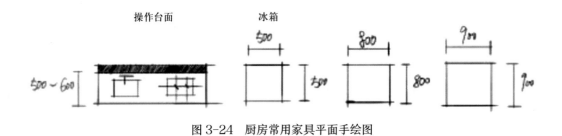

图 3-24　厨房常用家具平面手绘图

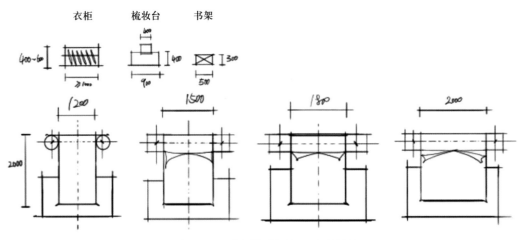

图 3-25　卧室常用家具平面手绘图

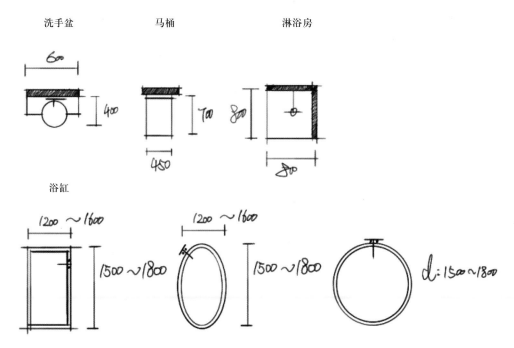

图 3-26　卫生间常用家具平面手绘图

三、室内平面手绘表现

室内平面手绘表现的重点是清晰表达设计意图，比例准确的建筑平面、尺度感适宜的家具平面和干净流畅的手绘线条是表达的基础。在对线条控制力和平面家具手绘表现力进行了系统训练后，可以尝试开始绘制室内手绘平面图，以进一步强化线条控制力。

1. 绘制步骤

（1）根据测量数据，绘制墙体关系（见图 3-27）。

（2）绘制门和窗台（见图 3-28）。

（3）绘制定制柜体、厨房及卫生间的硬装部分（见图 3-29）。

（4）绘制平面家具、窗帘、植物等软装部分（见图 3-30）。

2. 室内平面手绘表现范例

如图 3-31 至图 3-33 所示为部分优秀室内平面手绘表现范例。

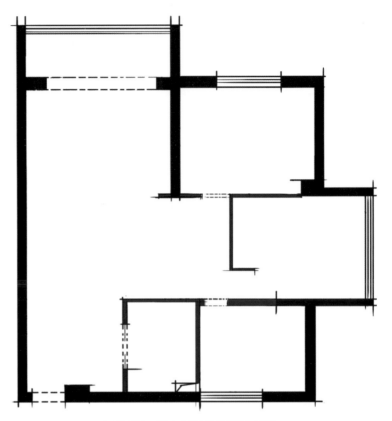

图 3-27　室内平面手绘表现步骤一

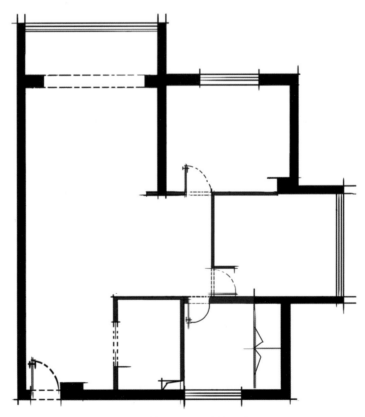

图 3-28　室内平面手绘表现步骤二

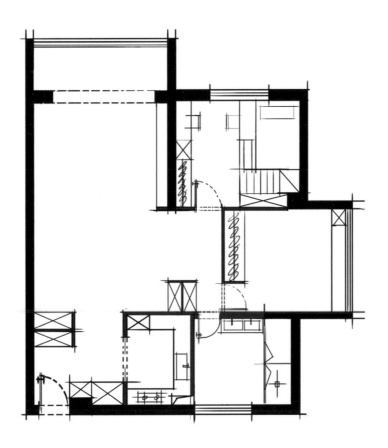

图 3-29　室内平面手绘表现步骤三

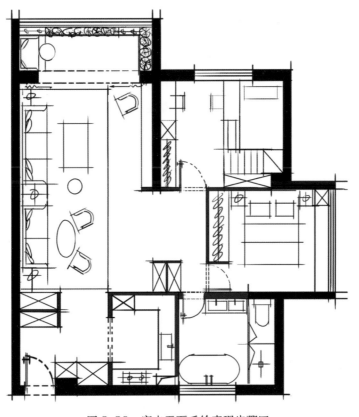

图 3-30　室内平面手绘表现步骤四

图 3-31　室内平面手绘表现范例一

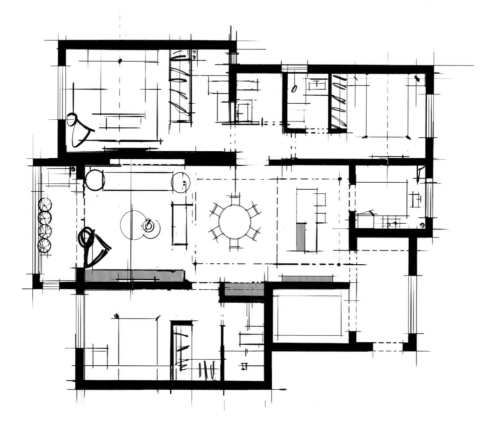

图 3-32　室内平面手绘表现范例二

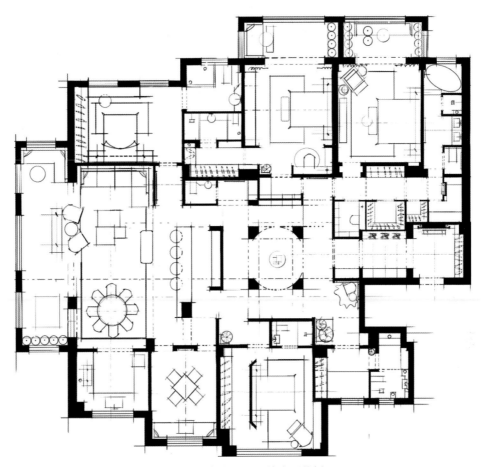

图 3-33　室内平面手绘表现范例三

思考与练习

1. 根据线条控制力的训练方法展开练习，提高对线段的掌控力。

2. 临摹室内常用家具平面手绘图，熟悉常见家具的尺寸，提升对线的掌控力。

3. 用室内平面手绘的方式测绘一处空间。

第四章

透视原理

本章知识点

◆透视的基本原理与特征。

◆一点透视和两点透视的定义及应用。

◆正方体常用角度的透视缩短变化规律
及应用。

◆在绘制手绘图时准确把握家具尺寸的
技巧。

透视是利用人的视觉规律在二维平面上表现三维立体空间的一种特殊绘图方法。掌握透视的基本概念是绘制手绘效果图的基础。遵循透视规律能将设计师预想的方案比较真实地再现于纸上，能直观地反映设计师的设计意图，便于交流沟通，也有助于设计师对形体和尺度进行详细推敲，不断改进设计方案。

本章重点锻炼观察力，力求达到手眼合一。

第一节
SECTION 1
透视的基本原理与特征

学习目标

1. 能简单阐述透视的基本原理。

2. 了解透视图中常用的术语。

3. 能复述室内透视的基本类型和透视的基本特征。

设计构思是通过画面艺术形象来体现的，而形象在画面中的位置、大小、比例和方向的表现都是基于科学的透视规律完成的。当画面违背透视规律，效果图就会失真、缺乏美感。所以，掌握透视规律，能运用透视规律对各种形象进行处理，使画面结构准确、真实、严谨、稳定，是成为室内设计师的必备条件之一。在熟练应用透视规律的基础上，设计师还必须学会运用结构分析的方式研究物体的内在结构关系和空间联系，使手绘表现更生动、逼真。

一、透视的基本原理

"透视"一词源于拉丁文"perspclre"（看透）。最初研究透视的方法是通过一块透明的平面观察景物，将所看到的景物描画在这块平面上，即成该景物的透视图（见图4-1）。后来把根据一定原理，在平面画幅上用线条来展示物体的空间位置、轮廓和投影的科学称为透视学。

透视是一种绘画技巧，是专门研究人的视觉规律在绘画中的应用的艺术，是所有绘画艺术表现的基础，是学好室内手绘表现必须掌握的基本功。

图4-1　透视的原理

二、透视图中常用的术语

1. 视点（EP）：观察者眼睛所在的位置。

2. 站点（SP）：观察者脚所在的位置，也是视点的水平投影。

3. 视高（H）：视点与站点间的距离。

4. 视平面（HP）：视点所处的水平面。

5. 画面（PP）：观察者与物体之间假想竖立放置的透明平面。

6. 视平线（HL）：视平面与画面的交线。

7. 视距（D）：视点到画面的垂直距离。

8. 中心视线（CL）：过视点作画面的垂线，也称主视线。

9. 心点（CV）：中心视线与画面的交点，也称视心。

10. 基面（GP）：物体所在的地平面。

11. 基线（GL）：基面与画面的交线。

12. 消失点（VP）：也称灭点，是直线上无穷远点的透视。

13. 消失线（VPL）：透视图中汇聚于灭点的直线。

14. 视线（VL）：视点与物体上任意一点的假想连线。

15. 目线（EL）：视线在画面上的正投影。

16. 足线（FL）：视线在基面上的正投影。

17. 量点（M）：视点与消失点间连线上的测量点，用来计算透视图中物体的长、宽和高。

18. 量线（ML）：便于测量透视长度的辅助线。

常见术语的具体表现如图 4-2 所示。

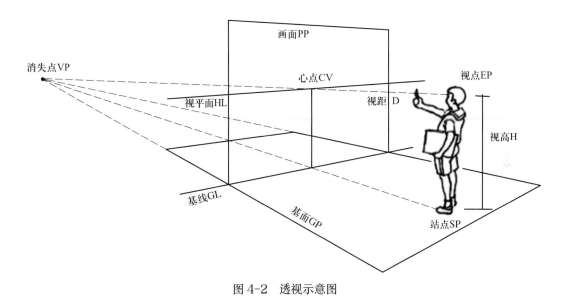

图 4-2 透视示意图

三、室内透视的基本分类

为了方便学习透视规律，前人根据人的视点与物体的位置关系对透视图进行了分类。在室内设计手绘表现中，常用的透视有一点透视（平行透视）、两点透视（成角透视）和一点斜透视，如图 4-3 所示。

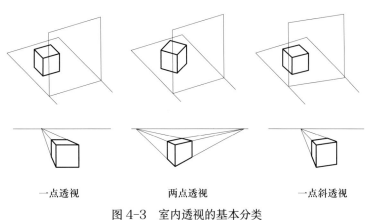

图 4-3 室内透视的基本分类

四、透视的基本特征

基于透视原理的室内手绘效果图有以下三点透视特征。

1. 近大远小、近高远低

在透视学的基本原则下，观察者所见的物体会由于距离的不同而发生不同的变化。同样大小的物体，距离观察者较近的物体会显得更大更高，而距离观察者较远的物体则会显得较小较低。

2. 近宽远窄、近疏远密

同样在透视学的原则下，观察者在观察一组间距相同而距离远近不同的物体时，近处的物体间距会显得更宽更疏，远处的物体间距会显得更窄更密。

3. 透视的消失感

任何存在于空间中的物体都会遵循透视的规律。随着物体距离观察者越来越远，所有物体会聚焦到远处的一点或两点，让观察者产生物体慢慢消失的感觉，这就是透视的消失感，物体的聚焦点也就是透视学中的消失点。

从图 4-4 中可以观察到透视的特征。

图 4-4　透视的特征

思考与练习

1. 尝试在日常场景中解释透视术语。

2. 室内透视有哪些分类？它们分别有什么区别？

3. 室内透视有哪些特征？结合图 4-4 进行解释。

第二节 SECTION 2
一点透视

学习目标

1. 能以一点透视的方式正确绘制正方体矩阵。

2. 能正确绘制圆的透视。

在生活中能看见的所有物体，无论它们的结构复杂与否，基本上都可以归纳成正六面体。当我们观察这个物体时，只要物体的其中一个面与我们的肉眼平行，其他的面、与我们肉眼垂直的平行线最终都会消失在一个点，透视学中把这种透视现象称为一点透视，也称为平行透视（见图4-5）。

一点透视是室内手绘表现中应用最广泛的透视。在这种

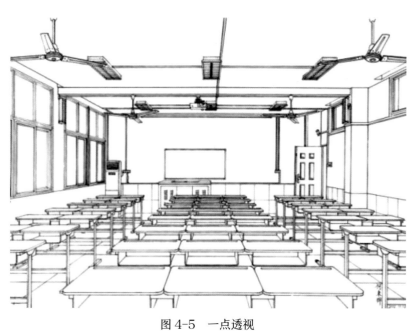

图4-5　一点透视

透视中，能完整看到室内的五个面——面对的墙体、左右墙面、天花板和地板，能表达的设计内容最多，能让观察者全面地认知和表现空间。同时，因为一点透视在所有透视角度中最容易掌握，所以也是初学者学习空间透视的最佳选择。

在一点透视的物体里，所有与我们肉眼平行的平面都能正确地反映物体的长、宽、高尺寸，且在此平面中所有与地面平行的线都平行于视平线，所有与地面垂直的线都垂直于视平线。

一、一点透视正方体

因为正方体是由六个完全相同的正方形围合而成的，正方体每条线的长度都一致，所以一点透视正方体（见图4-6）练习能帮助初学者更好地理解一点透视原理和训练观察能力。

1. 绘制要求（见图4-7）

（1）将A3纸进行横向和竖向的对折，横向折线为视平线，两条折线的交点为灭点。

（2）纸边预留约3 cm的边距，在纸上绘制15个边长为5 cm的正方体，横向5个竖向3个。

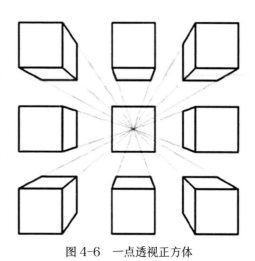

图4-6 一点透视正方体

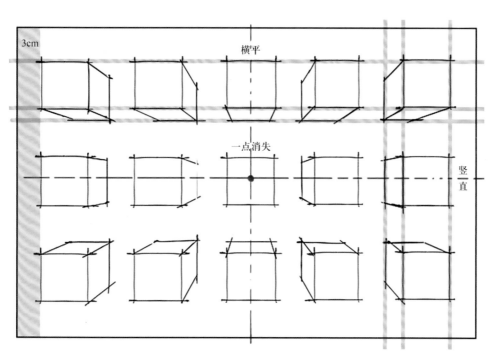

图4-7 一点透视正方体练习

（3）画面必须横平竖直，一点消失——即所有横向的线都要与视平线平行，所有竖向的线都要与视平线垂直，横排的所有正方体必须水平对齐，竖排的所有正方体必须垂直对齐，且消失线都汇聚于灭点。

（4）横向第3排和竖向第2排的正方体必须在两条折线上。

2. 绘制技巧

（1）先画平行于画面的面，该面为约5 cm×5 cm的正方形。注意画直线的技巧，所有线条都相交于回笔区域。

（2）再画消失线。这一步切忌着急下笔，应先观察再下笔。建议可连接正方体的任意点和灭点虚空拉线，找准消失线的方向再下笔，消失线可以不用拉得太长，若不够长后期再接线。

（3）最后画两个透视面，注意所有横线和竖线都分别平行于两个纸边。

（4）正方形对角线平分边角，这个特性在透视面中也存在，我们可以利用其帮助定位正方体的缩变距离（见图4-8）。

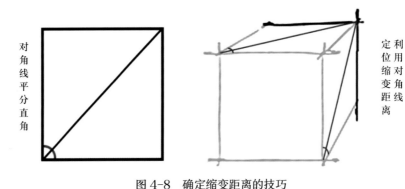

图4-8 确定缩变距离的技巧

3. 容易犯错的地方

错误的一点透视正方体如图4-9所示，具体原因如下：

（1）过分依赖尺子，不敢徒手绘画。此时必须学会放下心理负担，错了就再练。

（2）平行于画面的正方形画得太大或太小。正方形的大小可以有±1 cm的偏差，超过这个值就需要重新练习线的控制力。

（3）正方体的线条画得太长导致画面毛躁，或者画得太短导致没有相交。每个端点的线条都必须相交于一点，想清楚后再下笔。

（4）消失线不能全汇聚于灭点。建议先虚空拉线，眼睛在端点和灭点的拉线中找一个距离较近的点，然后连接这两个点，以此降低难度。

（5）透视面过宽或过窄，把握不住透视面缩变距离，导致正方体画得像长方体。建议认真阅读绘制技巧的第4点，找对关系再下笔。

（6）远处的横线或竖线与正面正方形的边不平行，越靠近灭点的正方体越容易出现这种错误。建议在练习中确保横向和竖向的正方体都对齐，这样方便后期检查透视关系的正确与否。

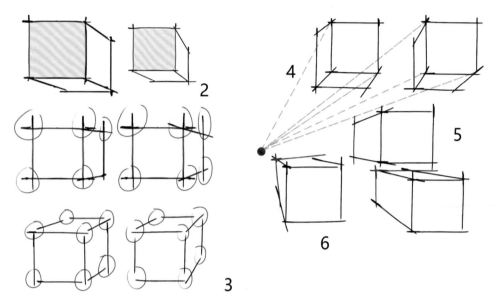

图4-9 一点透视正方体练习容易出错的地方

4. 练习方法

（1）先徒手完成一张一点透视正方体练习，有不满意的地方先别急着涂改，完成后用尺子检查所有正方体的边是否对齐、所有的消失线是否都汇聚于灭点，如果发现错误用红笔改正过来。

（2）再徒手完成一张练习，在画的过程中重点注意上一张红笔改正过的线条，完成后再次检查。如果有错，继续用红笔改正，在下一张练习中努力调整，直至没有错误。必须仔细检查每次错误并认真修改，在不断的练习中锻炼观察力同时也强化控制力。

（3）在形体和透视关系都没有错之后，可以在之前完成的正方体上增加线条来切割面块，以强化对透视的理解，并顺便练习线条（见图4-10）。

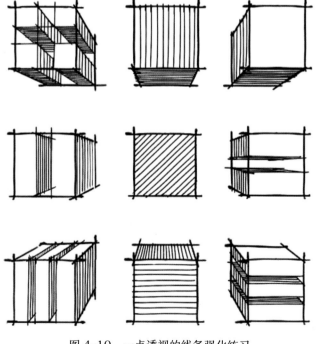

图4-10 一点透视的线条强化练习

二、透视圆

在室内设计方案中，有大量具有圆面的物体，如圆桌、圆椅、圆镜、灯罩、摆件等。这些物体大多在视平线的上方和下方，圆面自然受透视原理的影响而有所缩变。

从图 4-11 中可以看出，当圆所在的平面平行于画面时，圆的透视是它本身；当圆所在的平面通过视平线时，圆的透视是一条线；当圆所在的平面是一个透视面时，圆就变成椭圆，这也是室内圆面最常见的状态。

由于近大远小的透视现象，缩变后的圆上下弧线并不相同。当圆面在视平线之下时，下弧线比上弧线的弧度要大；当圆面在视平线之上时，则反过来（见图 4-12）。

1. 绘制技巧（见图 4-13）

（1）圆的透视就像是一只眼睛，越靠近视平线，眼睛逐渐闭成一条线，离视平线越远则张得越大。

（2）没有把握的时候，可先用点定位椭圆的两侧，定好圆面的大小再下笔。

（3）运笔的时候一定要放松、轻快，善用手腕的力量。

（4）画圆的时候注意区分上下弧线的弧度大小，上下弧度一致会显得圆面失真。建议先画弧度小的弧线，然后再画另一条弧线。

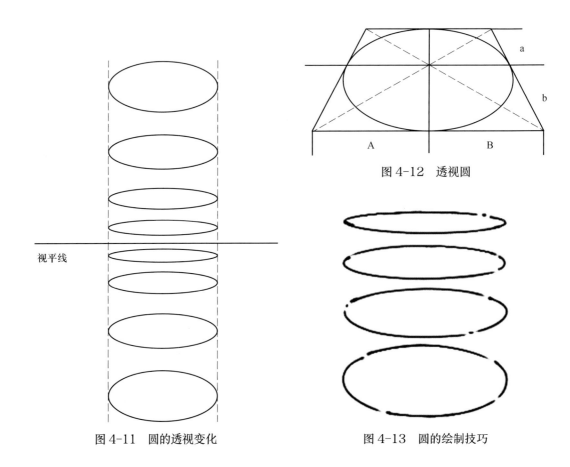

图 4-12　透视圆

图 4-11　圆的透视变化　　　　　图 4-13　圆的绘制技巧

2. 容易犯错的地方

错误的圆如图 4-14 所示，具体原因如下：

（1）上下弧线相交，导致两头发尖，像一片叶子。

（2）弧度没有变化。切记越远离视平线的圆弧度越大。

（3）弄反了上下弧线的弧度大小。切记近大远小的透视特征，先想清楚哪条弧线更靠近自己。

（4）透视太过，导致形体畸变。上下弧线的弧度变化不要太大。

3. 练习方法

根据图 4-15 所示，进行宽度分别为 1 cm、3 cm、5 cm 的透视圆的练习。先用铅笔画出视平线和三种宽度的控制线，然后分别在三个宽度内练习，感受圆的透视变化。

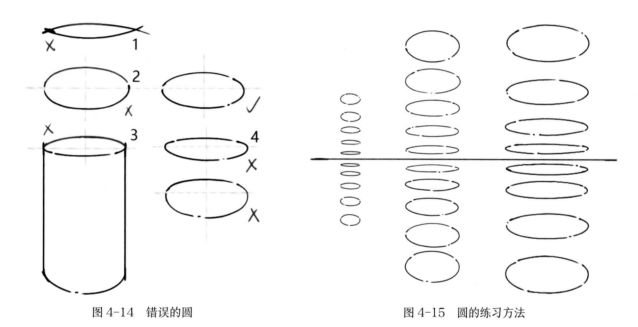

图 4-14　错误的圆　　　　　图 4-15　圆的练习方法

思考与练习

1. 根据一点透视正方体的练习方法展开练习。

2. 根据透视圆的练习方法展开练习。

3. 仔细观察错误案例，对比检查自己的练习质量，并根据绘制技巧来逐步改善。

SECTION 3
两点透视

学习目标

能以两点透视的方式正确绘制正方体矩阵。

　　观察一个物体，当它与观察者的视中线构成一定角度，并且有两个在同一视平线上的消失点时，透视学中把这种透视现象称为两点透视，也称为成角透视（见图 4-16）。

　　两点透视在室内手绘表现中应用较为普遍，因为两点透视表现的画面灵活并富有变化，视觉感强，容易表现物体的体积感，非常适合展现复杂的场景。但两点透视有两个消失点，因此掌握和运用起来比一点透视更困难，如果透视掌握不好，会导致画面有一定的变形。

　　在两点透视的物体里，面对观察者的那条边能正确反映物体的尺寸，且在手绘画面中所有与地面垂直的线都垂直于视平线。

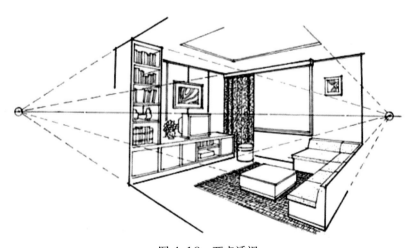

图 4-16　两点透视

一、绘制要求（见图 4-17）

1. 把 A3 纸进行横向对折，得出的折线为视平线，折线两端距离纸边 1 cm 处为灭点。

2. 纸边预留约 3 cm 的边距，在纸上绘制 15 个边长为 5 cm 的正方体，横向 5 个竖向 3 个。

3. 横排的所有正方体必须水平对齐，竖排的所有正方体必须垂直对齐，且消失线分别汇聚于两个灭点。

4. 竖向第 2 排的正方体必须在折线上。

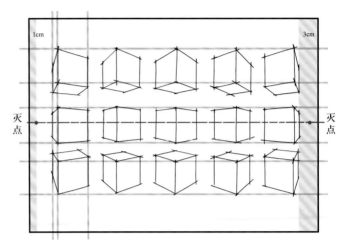

图 4-17　两点透视正方体练习

二、绘制技巧

1. 先画与画面成角的边，这条边应是约 5 cm 的线。

2. 分别连接线条的两个端点和两个灭点，绘制消失线，建议先虚空拉线找准方向，运笔时线条不要拉得太长。

3. 利用对角线平分夹角的原理找到左右两个面的缩变距离，注意新画的线条要垂直于视平线。

4. 分别连接新增的端点和两个灭点，绘制消失线，完成两点透视的正方体。

三、容易犯错的地方

错误的两点透视正方体如图 4-18 所示，具体原因如下：

1. 过分依赖尺子，不敢徒手绘制。此时必须放下心理负担，错了就再练。

2. 正方体大小不一，或没有对齐。必须按绘制要求练习，这样的练习更科学、高效，且更利于后续知识点的衔接。

3. 正方体的线条画得太长导致画面毛躁，或者画得太短导致没有相交。每个端点的线条都必须相交在一点，想清楚再下笔。

4. 消失线不能全汇聚于灭点。建议先虚空拉线，在端点和灭点的拉线中找一个距离较近的点，然后连接这两个点，以降低难度。

5. 透视面过宽或过窄，把握不住透视面缩变距离。改善方法详见一点透视绘制技巧的第 4 点。

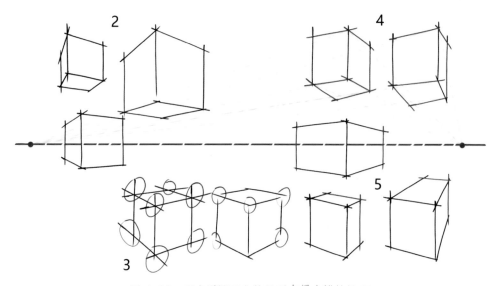

图 4-18　两点透视正方体练习容易出错的地方

四、练习方法

方法与一点透视正方体训练一致。

思考与练习

　　1. 根据两点透视正方体的练习方法展开练习。

　　2. 仔细观察错误案例，对比检查自己的练习质量，并根据绘制技巧逐步改善。

第四节

SECTION 4
正方体变形

学习目标

1. 了解正方体的 6 个常用角度和各自的透视缩短变化规律。

2. 了解从二维图纸转换为三维图像的步骤和技巧。

3. 能利用视平线和透视缩短变化规律准确画出物体的尺寸。

4. 能徒手准确画出 6 个常用角度的正方体。

5. 能利用正方体的加减法绘制各个角度的单人沙发和餐椅。

　　不同的室内家具都具有各自的特点，正方体是构成大部分室内家具形态特征的基本型。设计者要深入理解正方体各个角度的透视特点和透视缩短变化规律，并学会运用正方体观察和分析实景家具，能够灵活地运用不同角度表现同一物体，而不再停留在对实景家具进行僵化临摹的层面上。

一、正方体的常用角度

　　在实际应用中，正方体的常用角度有 6 个——45°、36°、27°、18°、9°、0°（见图 4-19）。其中 36° 和 45° 的正方体能看到比较完整的三个面，可以更好地体现立体感和表达细节，因此更实用。

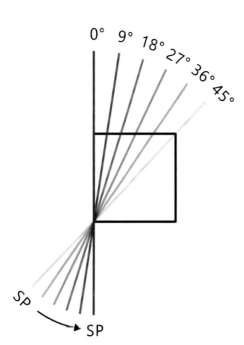

图 4-19　站点与正方体的平面关系

二、正方体的透视缩短变化规律

当正方体与画面呈一定角度时，正方体的任何一个面都会失去原有的正方形特征，不可避免地产生透视缩短变化。在透视学中，这一现象被称为透视缩短现象（见图 4-20）。

随着站点角度的变化，正方体的面会呈现不同程度的透视缩短。6 个常用角度的缩变比例如图 4-21 所示。两点透视室内手绘效果图的消失点都在画纸之外，因此熟知透视缩短变化规律能帮助设计者确保画面透视关系的准确性，便于快速表现。

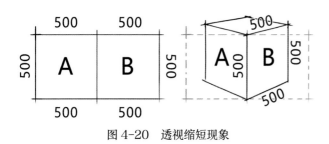

图 4-20　透视缩短现象

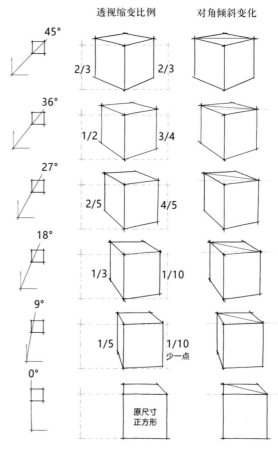

图 4-21　正方体常用角度的透视缩变比例和对角倾斜变化

三、正方体的尺寸

与绘画的随性不同，室内手绘效果图需要严谨地表现物体的尺寸，拥有正确尺寸比例的手绘效果图才具备价值。设计者可以利用视平线和透视缩短变化规律来确保正方体尺寸的准确，即根据透视原理，地面上任意一点到视平线的距离都是一致的（见图4-22）。

1. 绘制步骤

绘制一个尺寸为500 mm×500 mm×500 mm的正方体，透视角度为36°，视平线在1 000 mm高，消失点在画纸外。

（1）根据透视原理，确定正方体高度的尺寸（见图4-23）。

（2）绘制其中一个侧面的消失线，确定消失点，再根据透视缩短变化规律确定缩变比例。建议消失线的倾斜度不要太大，否则正方体容易畸变（见图4-24）。

（3）根据透视原理，确定另一个消失点（见图4-25）。

（4）根据透视缩短变化规律确定缩变比例，并完成另一个侧面（见图4-26）。

（5）完成顶面（见图4-27）。

---

❶ 图4-22　视平线规律
❷ 图4-23　步骤一
❸ 图4-24　步骤二
❹ 图4-25　步骤三
❺ 图4-26　步骤四
❻ 图4-27　步骤五

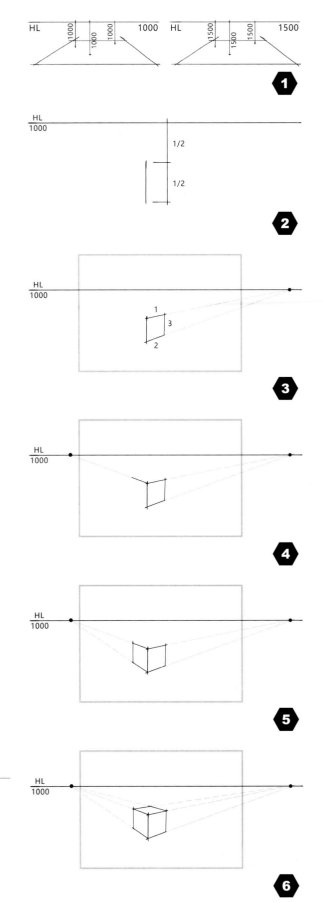

2. 绘制技巧（见图 4-28）

（1）消失线要平缓。

（2）离画面最近的垂直线最长。

（3）顶面的角度要小。

3. 容易犯错的地方

错误的正方体如图 4-29 所示，具体原因如下：

（1）消失线倾斜度太大，正方体产生畸变。

（2）消失线平行，或正方体的垂直线长度相等，正方体透视错误。

（3）两条消失线的倾斜度差别太大，正方体产生畸变。

（4）对角的倾斜度没有随着角度的旋转而变化。

（5）顶面的消失线对不上消失点。

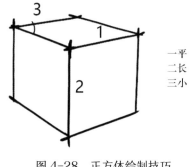

图 4-28 正方体绘制技巧

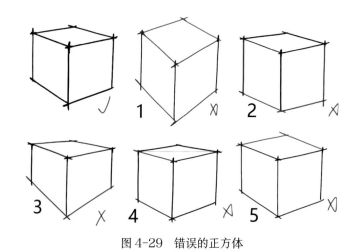

图 4-29 错误的正方体

四、正方体的减法变形

通过对正方体进行减法变形，能演变成多种室内家具，如沙发、柜子、茶几等（见图 4-30）。不同观察角度的平面，可以借助对应角度的正方体推演出相应的立体效果（见图 4-31）。

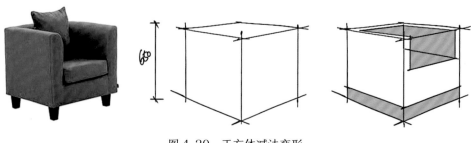

图 4-30 正方体减法变形

绘制步骤：

绘制一个尺寸为 650 mm × 650 mm × 650 mm 的单人沙发，透视角度为 36°，视平线在 1 000 mm 高，消失点在画纸外。

1. 在平面确定站点和视线角度后，先绘制离画面最近的线以确定物体的尺寸，再根据透视缩短变化规律完成侧面绘制（见图 4-32）。

2. 根据左侧面推演出其余的正方体轮廓（见图 4-33）。

3. 绘制沙发结构，先确定扶手的厚度，再绘制坐垫厚度，最后画出椅脚的高度。注意扶手的近大远小和坐垫、椅脚的尺寸比例关系，尺寸可以借鉴离画面最近的线，透视关系可以借鉴沙发底的倾斜度（见图 4-34）。

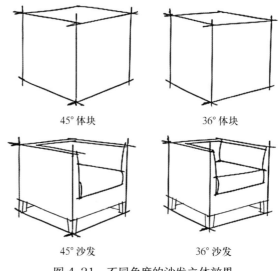

图 4-31 不同角度的沙发立体效果

4. 完成坐垫和靠背的厚度刻画，完成椅脚的刻画。注意扶手的弧度和投影的透视关系（见图 4-35）。

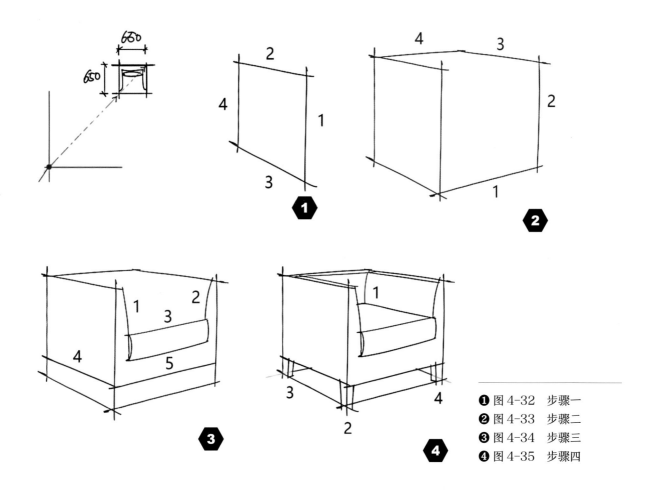

❶ 图 4-32 步骤一
❷ 图 4-33 步骤二
❸ 图 4-34 步骤三
❹ 图 4-35 步骤四

五、正方体的加法变形

通过对正方体进行加法变形，同样能演变出多种室内家具，如椅子、床等（见图4-36）。图4-37是借助对应角度的正方体推演出相应的餐椅立体效果。

绘制步骤：

绘制一个尺寸为400 mm×400 mm×800 mm的餐椅，透视角度为36°，视平线在800 mm高，消失点在画纸外。

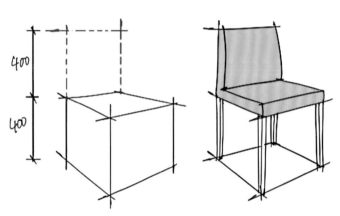

图4-36 正方体加法变形

1. 在平面确定站点和视线角度后，先绘制最长的线以确定餐椅的尺寸，再根据透视缩短变化规律完成侧面绘制。画线条2的时候要注意预留坐垫的厚度（见图4-38）。

2. 根据左侧面推演出右侧面的正方体轮廓，注意36°正方体的缩变比例（见图4-39）。

3. 先画出餐椅的靠背，再刻画坐垫（厚60 mm）。注意靠背和坐垫的用笔不要太僵直，要略带弧度（见图4-40）。

4. 完成椅脚和投影的刻画。注意用笔不要太快、太飘，否则线条容易重叠（见图4-41）。

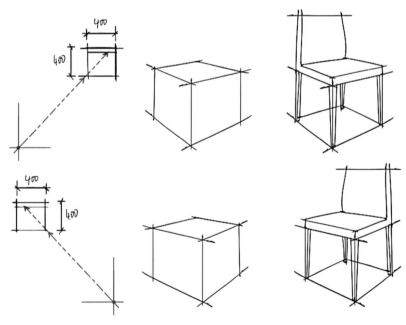

图4-37 借助平面角度推演出的餐椅立体效果

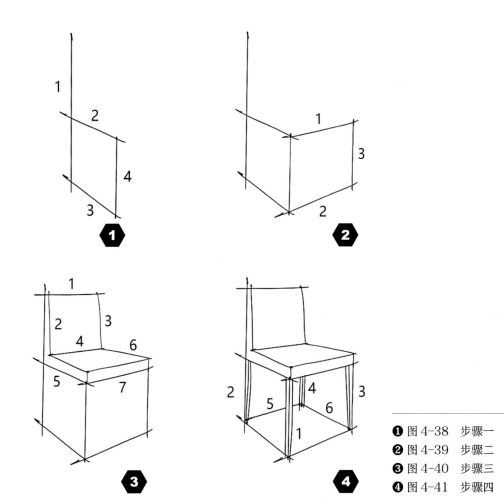

❶ 图 4-38　步骤一
❷ 图 4-39　步骤二
❸ 图 4-40　步骤三
❹ 图 4-41　步骤四

思考与练习

　　1. 练习绘制 6 个常用角度正方体（特别是 36° 和 45°），熟悉各自的缩变比例，达到能徒手绘制正确透视关系的水平。

　　2. 按照单人沙发和餐椅的绘制步骤进行临摹练习，熟悉控制尺寸和运笔的技巧。

　　3. 根据平面绘制多角度的单人沙发和餐椅立体效果，熟悉二维转三维的技巧。

　　4. 在能完成多角度家具立体效果绘制的基础上，参考实物图，修改单人沙发和餐椅的尺寸比例并增加造型细节。

第五章

室内软装表现

本章知识点

◆ 各类软装单体的形体特征和尺寸比例。

◆ 绘制家具、布艺、灯具和摆件时的运笔
技巧和细节处理技巧。

◆ 绘制组合家具的尺寸、透视关系及空间
处理技巧。

软装是室内手绘表现中不可或缺的部分。它在整个画面中占的比例大，而且是视觉重点，因此是手绘表现中的重中之重。软装根据使用功能大致可以分为家具、布艺、灯具、摆件和植物五大类，通过各类软装物品的搭配能构成不同风格的室内设计。目前市场上的软装产品种类繁多、造型各异，但它们都遵循各自形体的基本型和透视关系，区别在于造型细节和比例的变化。

本章重点训练造型的表现能力，训练目的是在构建形体的过程中体会不同的造型细节、比例变化和光影关系。

第一节 | SECTION 1
几案与柜子

学习目标

1. 了解不同种类柜子的造型比例特征。

2. 了解绘制茶几、边几、端景台、矮柜的步骤和技巧。

3. 熟悉准确绘制家具尺寸的技巧。

4. 能独立绘制茶几、边几、端景台和矮柜。

茶几、边几、端景台和矮柜的基本型都是正方体和圆柱体，可以通过加减法塑造各种风格和造型。本节重点训练运笔和尺寸把握的技巧，通过临摹案例积累手绘素材，熟悉柜子的形体规律及造型变化。

一、茶几

市场上常见的茶几有单体和组合两种，造型有长方形、正方形、圆形、不规则形等。小型的长方形茶几尺寸约在 600 mm×450 mm 到 700 mm×600 mm 之间，中型的尺寸约在 1 200 mm×500 mm 到 1 350 mm×750 mm 之间，大型的尺寸约在 1 500 mm×600 mm 到 1 800 mm×800 mm 之间。茶几的高度在 330 mm 到 500 mm 之间，高度随着茶几占地面积的增大而降低，因此小茶几的形体比例偏向正方体，而大茶几的形体比例更修长（见图 5-1）。

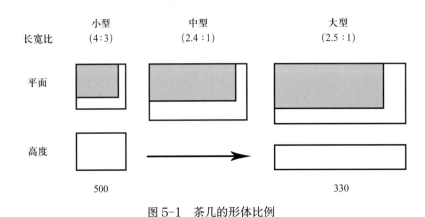

图 5-1 茶几的形体比例

1. 绘制步骤

绘制一个尺寸为 1 300 mm×700 mm×400 mm 的茶几，其中几脚 150 mm，透视角度为 36°，视平线在 1 000 mm 高，消失点在画纸外（见图 5-2）。

（1）确定茶几的高度，可以用"点"提前示意几脚的高度，完成侧面绘制。注意要善用茶几高度和透视缩短变化规律（见图 5-3）。

（2）完成茶几基本型的绘制，注意尺寸比例和透视关系（见图 5-4）。

（3）画出茶几桌面的厚度和抽屉的位置（见图 5-5）。

（4）绘制茶几表面的饰条和抽屉的透视关系（见图 5-6）。

（5）绘制几脚与投影（见图 5-7）。

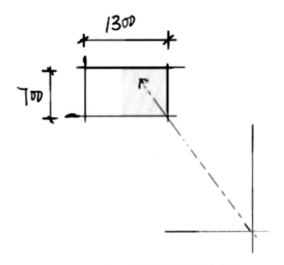

图 5-2 通过正方体透视关系确定站点

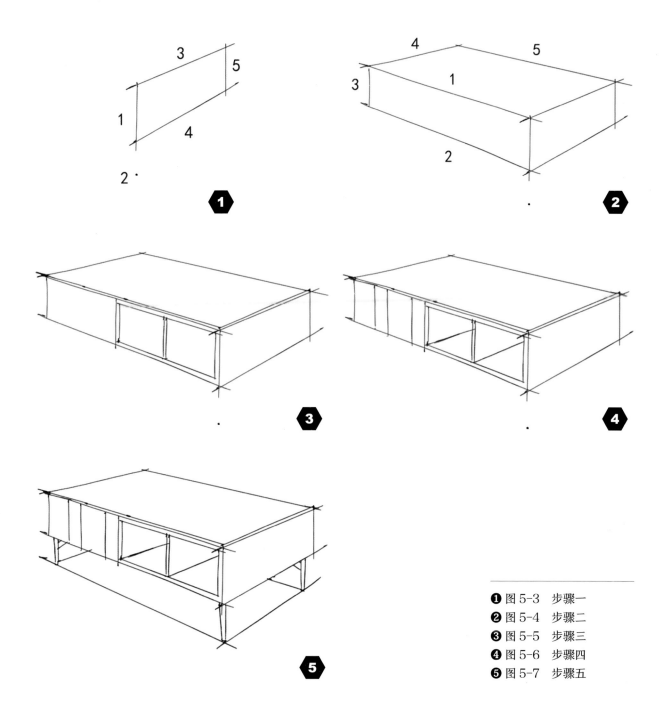

❶ 图5-3 步骤一
❷ 图5-4 步骤二
❸ 图5-5 步骤三
❹ 图5-6 步骤四
❺ 图5-7 步骤五

2. 绘制技巧

（1）运笔：现代风格家具的特点是线条简约流畅，强调功能性设计。因此手绘表现的时候，初学者可以综合前面"断线""接点"的技巧，运笔用线尽可能简约利落，大刀阔斧地表现现代风格家具的神韵。

（2）露锋和藏锋：两条线交接的地方称为"锋"。画外轮廓时要露锋，起笔要回笔，收笔要停顿，下笔果敢直率，切忌拖泥带水。画内结构时要藏锋，尽可能含蓄严谨，起笔和收笔不宜太重，否则表达的结构容易不清晰。

3. 容易犯错的地方

（1）锋芒毕露：容易使画面看起来潦草、混乱，毫无质感和秩序，过于张扬奔放的起笔和收笔容易使画面变脏（见图5-8）。徒手表现并不代表草率，初学者在此阶段要尽可能收敛地控制笔法。

（2）锋芒不露：容易使画面陷入机械、呆板的困境，失去手绘表现的灵气（见图5-9）。

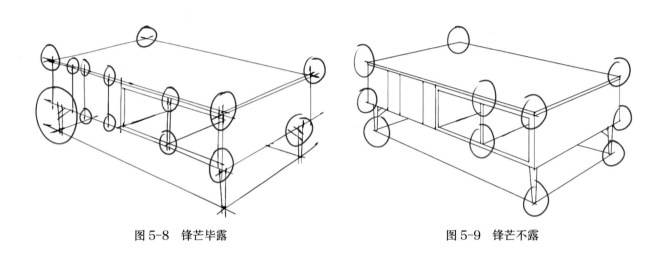

图5-8　锋芒毕露　　　　　　　　　　　　图5-9　锋芒不露

二、边几

边几的边长在400 mm到600 mm之间，高度在450 mm到600 mm之间，整体造型接近正方体。目前市场上出现大量圆形或不规则形的边几，装饰性更强。

1. 绘制步骤

绘制一个直径为400 mm、高为500 mm的边几。

（1）画出几面的圆面，注意圆的透视关系（见图5-10）。

（2）画出几面的厚度，约5 cm（见图5-11）。

（3）绘制支撑杆，约7 cm，注意圆的透视变化（见图5-12）。

（4）完成几脚造型，注意对称（见图5-13）。

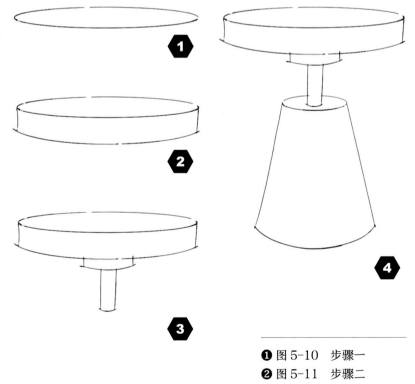

❶ 图5-10　步骤一
❷ 图5-11　步骤二
❸ 图5-12　步骤三
❹ 图5-13　步骤四

2. 绘制技巧

（1）透视关系：圆的透视最下面的线弧度最大，最上面的线弧度最平缓，注意每个圆的透视变化（见图5-14）。

（2）曲线运笔：注意曲线的流畅感和平滑度，平日多练习曲线绘制，积累手感。

3. 容易犯错的地方

错误的圆几如图5-15所示，具体原因如下：

（1）断线太多，落笔不够自信、果敢，且形体不够准确。

（2）勉强表现出形体，但用笔太过硬朗，缺少流畅度，使形体失去质感。

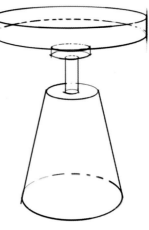

图5-14 圆几的透视

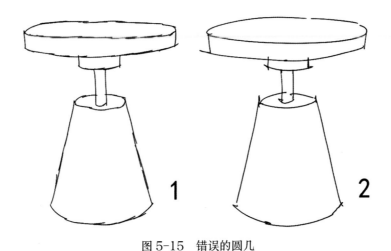

图5-15 错误的圆几

三、端景台

端景台尺寸与产品的造型、功能、体积、摆放空间大小等方面都有关系。一般来说，端景台高度在750 mm到950 mm之间，常见的尺寸有850 mm和890 mm，宽度在400 mm到530 mm之间，长度在1 220 mm到1 800 mm之间。

1. 绘制步骤

绘制一个尺寸为1 400 mm×400 mm×850 mm的端景台，其中台面厚50 mm，一点透视，视平线在1 000 mm高。

（1）确定端景台的宽和高，绘制端景台的正面，注意形体的比例关系（见图5-16）。

（2）根据消失点，画出端景台的透视面。这一阶段只要画出大体的透视关系即可，后面再慢慢刻画细节（见图5-17）。

（3）绘制细节的正面，注意比例和对称关系（见图5-18）。

（4）根据消失点，绘制细节的透视面（见图5-19）。

（5）在暗面和转折边处压点，增加形体的立体感（见图5-20）。

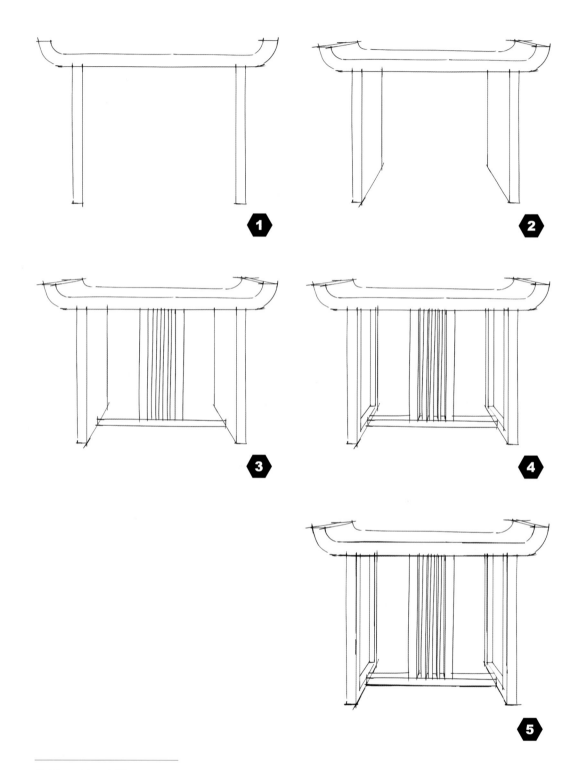

❶ 图 5-16　步骤一
❷ 图 5-17　步骤二
❸ 图 5-18　步骤三
❹ 图 5-19　步骤四
❺ 图 5-20　步骤五

2. 绘制技巧

压重阴影和明暗交界线可以增强形体的立体感，没有压点的画面立体感不强，就算线条画得再好再直，形体仍会显得单薄（见图 5-21）。

3. 容易犯错的地方

压点的时候要注意光源的位置和方向。压点运笔要讲究松紧有度，投影有深浅变化，压点也要有轻重变化。不能盲目地把底面均匀涂一遍，否则画面非但没有立体感，反而丢失了线的灵动；切忌运笔毛毛躁躁，破坏了线的流畅性（见图 5-22）。

四、矮柜

矮柜是一种高度短于宽度且高度不超过 1 500 mm 的柜体，具体尺寸大小受使用空间和使用需求影响。常见矮柜的长度有 750 mm、800 mm、900 mm、1 200 mm、1 500 mm、1 600 mm、2 000 mm 等，宽度约为 400 mm，高度在 600 mm 到 1 200 mm 之间，其中高度以 800 ~ 900 mm 为宜。

矮柜能增加空间利用率和调节空间缺陷，适用于所有的室内空间，是手绘表现中的常见对象。

1. 绘制步骤

绘制一个尺寸为 1 500 mm × 400 mm × 900 mm 的餐边柜，其中柜脚高 200 mm、柜面高 750 mm，透视角度为 27°，视平线在 1 000 mm 高（见图 5-23）。

（1）确定餐边柜的高度：可以用"点"提前示意柜脚的高度，完成侧面绘制，注意曲线的运笔（见图 5-24）。

（2）绘制餐边柜的轮廓，注意透视关系，远处的弧线造型会因为透视而看到更多，所

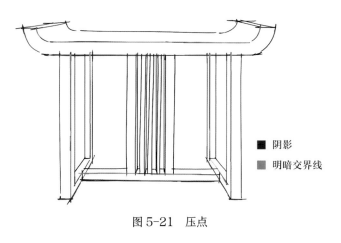

■ 阴影
■ 明暗交界线

图 5-21　压点

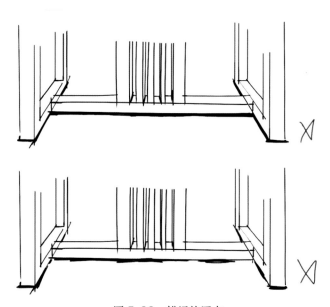

图 5-22　错误的压点

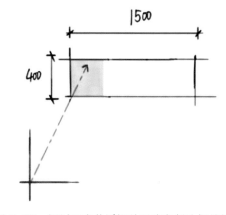

图 5-23　通过正方体透视关系确定餐边柜的站点

以弧度要增加（见图 5-25）。

（3）画出木板的厚度。台面因为角度太小，画出来反而会妨碍结构的表达，故可忽略不画（见图 5-26）。

（4）绘制抽屉，注意比例和尺寸关系（见图 5-27）。

（5）绘制把手与几脚，完成压点和投影绘制（见图 5-28）。

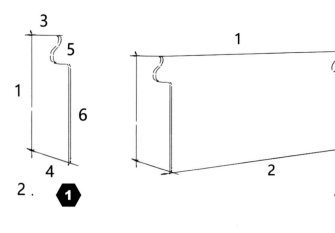

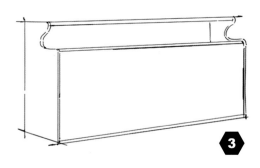

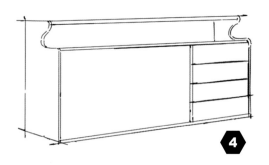

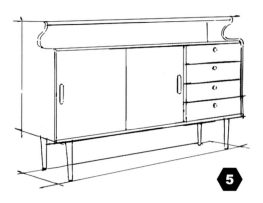

❶ 图 5-24　步骤一
❷ 图 5-25　步骤二
❸ 图 5-26　步骤三
❹ 图 5-27　步骤四
❺ 图 5-28　步骤五

2.绘制技巧

（1）断线：长方体的外轮廓线太长，初学者不容易把控。可以选择断线的方式，然后通过衔接准确地表现物体。经过练习得心应手后，再进一步练习长的快直线绘制（见图5-29）。

（2）转折：所有的物体和物体之间接触的转折面要加深，如抽屉和柜体之间的转接缝需要着重表达（见图5-30）。

（3）结构的虚实处理：同一个物体近处的结构应该交代清楚，而远处的结构可以选择概括虚化。如图5-31所示为同一个物体远景和近景的处理方式对比。

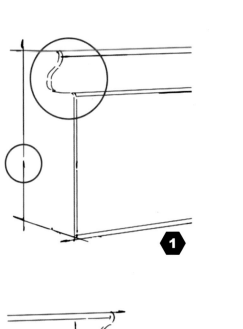

❶

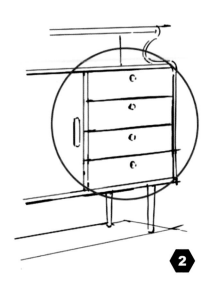

❷

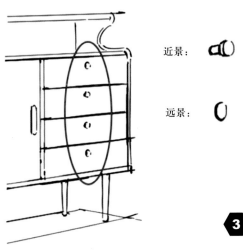

近景：

远景：

❸

❶ 图5-29 善用断线
❷ 图5-30 转折面的处理
❸ 图5-31 结构的虚实处理

五、案例赏析

茶几、边几、端景台、矮柜的手绘效果图案例如图 5-32 至图 5-35 所示（素材可在技工教育网下载）。

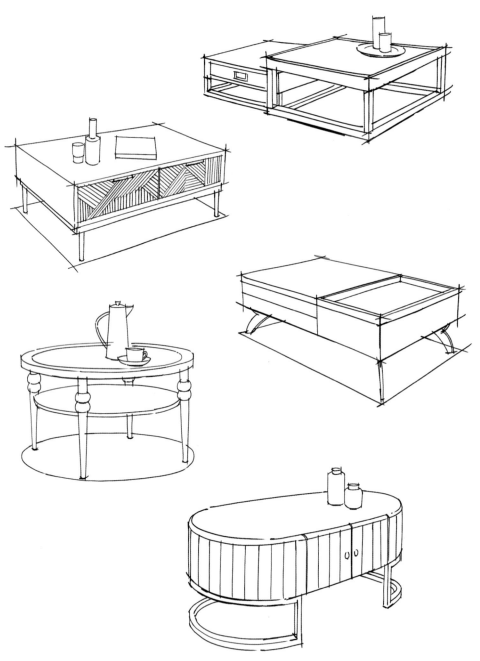

图 5-32　茶几手绘效果图案例

图 5-33 边几手绘效果图案例

图 5-34　端景台手绘效果图案例

图 5-35 矮柜手绘效果图案例

思考与练习

1. 根据步骤分析和绘制技巧，完成茶几、边几、端景台和餐边柜的手绘表现练习。

2. 临摹茶几、边几、端景台和矮柜的手绘效果图案例。

第二节

SECTION 2
椅子

学习目标

1. 了解各类椅子的造型比例特征。

2. 了解绘制单人椅、吧椅、单人沙发、双人沙发、转角沙发和休闲椅的步骤和技巧。

3. 能独立绘制有明暗关系的单人椅、吧椅、单人沙发、双人沙发、转角沙发和休闲椅。

　　椅子的基本型也是方体，但由于其坐垫柔软的性质，使其与几案、柜子的运笔技巧略有不同。本节重点训练明暗关系处理和绘制软材质的运笔技巧。

一、单人椅

　　单人椅的座椅高度在 400 mm 到 500 mm 之间，宽度在 400 mm 到 560 mm 之间，只支撑到腰部的椅背高度约为 630 mm，支撑到背部的椅背高度在 780 mm 到 900 mm 之间，能支撑到头部的椅背高度在 1 000 mm 到 1 280 mm 之间。

1. 绘制步骤

　　绘制一个尺寸为 500 mm × 500 mm × 850 mm 的单人椅，其中座高 450 mm，透视角度为 36°，视平线在 850 mm 高（见图 5-36）。

　　（1）定尺寸和透视关系，绘制侧面。注意椅子的后脚有一定的倾斜度，分开两笔来画（见图 5-37）。

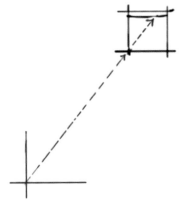

图 5-36　单人椅的站点和视线角度

（2）先画靠背和坐垫，再完成另一边扶手轮廓的绘制。因为靠背和视平线同高，所以第 1 笔要画平。注意借助扶手的透视关系推出其余位置的透视关系（见图 5-38）。

（3）完成扶手和坐垫的细节刻画。坐垫的边缘是弧面，不能画横线，但画坐垫转折面的竖线时要注意长度需符合透视规律（见图 5-39）。

（4）完成另一边扶手细节和投影的绘制，注意投影的透视关系不要画错（见图 5-40）。

（5）完成压点和投影的绘制（见图 5-41）。

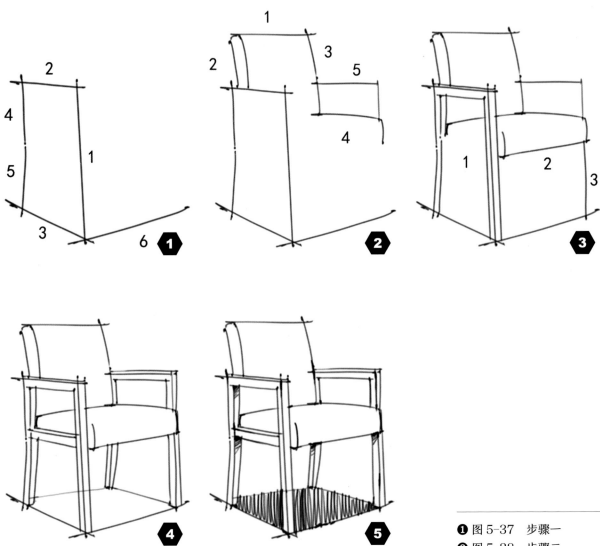

❶ 图 5-37　步骤一
❷ 图 5-38　步骤二
❸ 图 5-39　步骤三
❹ 图 5-40　步骤四
❺ 图 5-41　步骤五

2. 绘制技巧

（1）透视关系：绘制物体时，可以借助临近部位的透视关系来推出其他部位的透视关系，以确保整体透视关系正确（见图5-42）。

（2）投影：有光就会有投影，投影能突显物体，同时让物体更有分量感。绘制投影时可以根据物体的透视方向来排线，或者垂直排线。靠近物体的投影最重、排线最密；与物体距离越远，投影越轻、越疏。填充投影时要避免过于平均，缺少轻重、疏密的渐变变化（见图5-43）。

图5-42 利用坐垫的透视关系
推出投影的透视关系

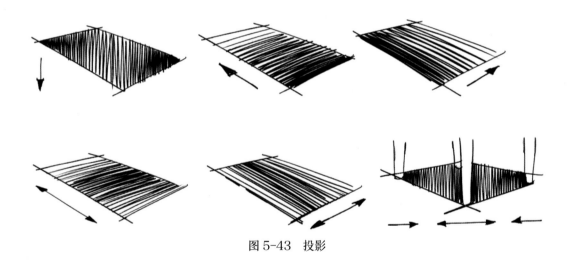

图5-43 投影

二、吧椅

吧椅坐垫的长和宽约为400 mm，高度在650 mm到870 mm之间，踏脚与坐垫的距离约为400 mm。

1. 绘制步骤

绘制一个尺寸为400 mm×400 mm×1 000 mm的吧椅，其中座高750 mm，坐垫厚50 mm，透视角度为36°，视平线在1 000 mm高（见图5-44）。

（1）先根据吧椅的尺寸定好长、宽、高。由于坐垫面是曲面，

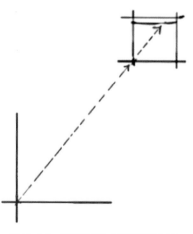

图5-44 吧椅的站点和视线角度

所以第2笔画的是坐垫的底（见图5-45）。

（2）定出靠背的高和另外两支椅脚的位置，注意后椅脚的倾斜度（见图5-46）。

（3）先绘制坐垫，再绘制椅子侧面，注意坐垫和靠背用弧线来表现（见图5-47）。

（4）完成椅脚和投影的绘制（见图5-48）。

（5）完成压点和填充投影（见图5-49）。

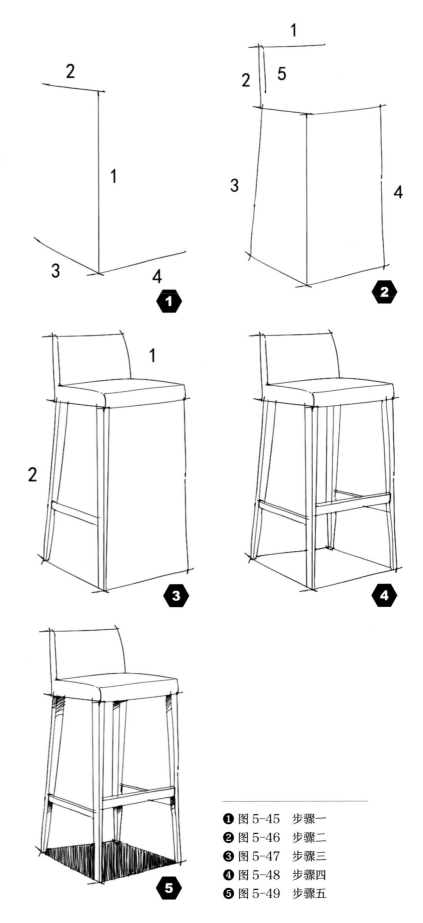

❶ 图 5-45 步骤一
❷ 图 5-46 步骤二
❸ 图 5-47 步骤三
❹ 图 5-48 步骤四
❺ 图 5-49 步骤五

2. 绘制技巧

（1）比例：由于吧椅的特殊造型比例，初学者在画的时候很容易画"胖"或者画"瘦"（见图 5-50），这是常见的错误之一，问题出在临摹的时候心中对于家具尺寸没有概念。绘制时理解家具尺寸是重点，而非机械地临摹。

（2）结构：注意后椅脚和靠背的倾斜度（见图 5-51），每一款椅子都有细微的变化。后椅脚和靠背不会完全与地面垂直。

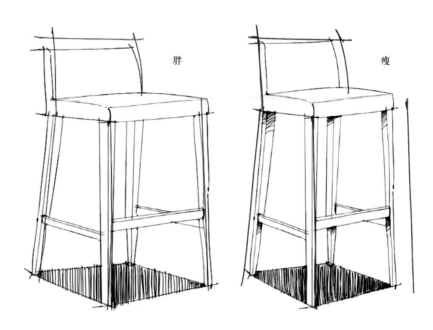

图 5-50 吧椅的比例

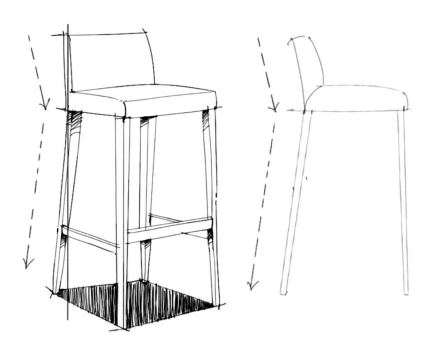

图 5-51 吧椅后椅脚和靠背的倾斜度

三、单人沙发

市场上单人沙发的普遍宽度在 650 mm 到 950 mm 之间，深度在 650 mm 到 900 mm 之间，座高在 380 mm 到 460 mm 之间，背高在 700 mm 到 900 mm 之间。

1. 绘制步骤

绘制一个尺寸为 850 mm×850 mm×900 mm 的单人沙发，其中座高 450 mm，椅脚高 200 mm，透视角度为 18°，视平线在 1 000 mm 高（见图 5-52）。

（1）根据平面定好单人沙发的尺寸和透视关系，用点定位椅脚的高度，注意扶手的造型和倾斜度（见图 5-53）。

（2）画出靠背和坐垫的透视关系，注意靠背的倾斜度和表现软材质时的运笔（见图 5-54）。

（3）绘制另一边扶手并完善坐垫细节，注意两边扶手的倾斜度要一致（见图 5-55）。

（4）绘制椅脚和投影，注意椅脚的造型和近大远小的透视规律（见图 5-56）。

（5）完成压点和投影填充（见图 5-57）。

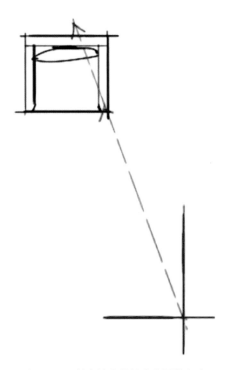

图 5-52 单人沙发的站点和视线角度

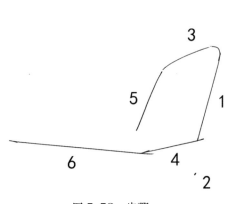

图 5-53 步骤一

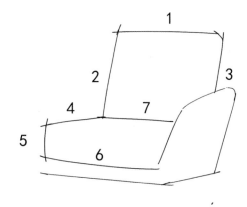

图 5-54 步骤二

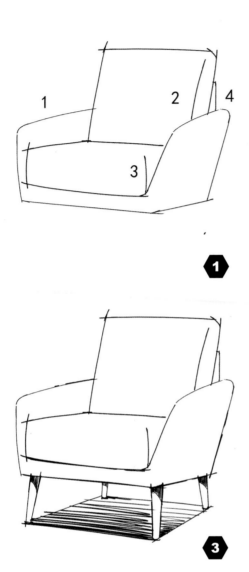

❶ 图 5-55　步骤三
❷ 图 5-56　步骤四
❸ 图 5-57　步骤五

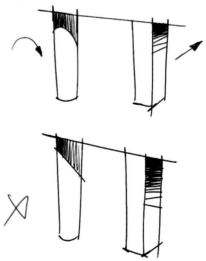

2. 绘制技巧

　　圆柱的投影表现不同于方柱，投影要跟着形体走，并且需要有疏密变化（见图 5-58）。

图 5-58　圆柱与方柱的投影表现

四、双人沙发

市场上双人沙发的普遍宽度在 1 260 mm 到 1 500 mm 之间，深度在 700 mm 到 900 mm 之间，座高在 380 mm 到 460 mm 之间，背高在 700 mm 到 900 mm 之间。

1. 绘制步骤

绘制一个尺寸为 1 400 mm × 700 mm × 800 mm 的双人沙发，其中座高 400 mm，坐垫厚 50 mm，透视角度为 36°，视平线在 1 000 mm 高（见图 5-59）。

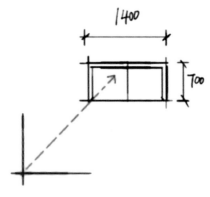

图 5-59　双人沙发的站点和视线角度

（1）通过扶手定沙发的尺寸（见图 5-60）。定透视关系和定尺寸的步骤和方法是一样的，不要因为家具造型复杂就不按步骤来。

（2）完成一侧扶手的绘制，注意坐垫的倾斜度（见图 5-61）。

（3）画出靠背，定坐垫的透视关系，注意靠背近大远小的透视规律（见图 5-62）。

（4）完成坐垫的绘制，注意坐垫近大远小的透视规律（见图 5-63）。

（5）完成另一侧扶手、椅脚和投影的绘制（见图 5-64）。

2. 绘制技巧

（1）坐垫转折面：当坐垫的质感比较平滑时，转折线可以省略，留着上色的时候表现，这样能突出质感。当坐垫的转折面有明显的包边收口时，手绘线稿就需要把这种工艺的收口关系表达清楚（见图 5-65）。

（2）投影填充：在线稿表现时不一定都填充投影，具体要根据最终表现效果确定。如果后期考虑加上色彩表现，那么投影位置要留白，等后期用马克笔处理。如果只做线稿表现，那么填充投影能增加画面的层次感。

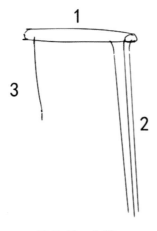

图 5-60　步骤一

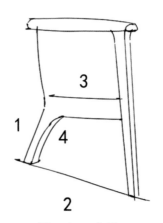

图 5-61　步骤二

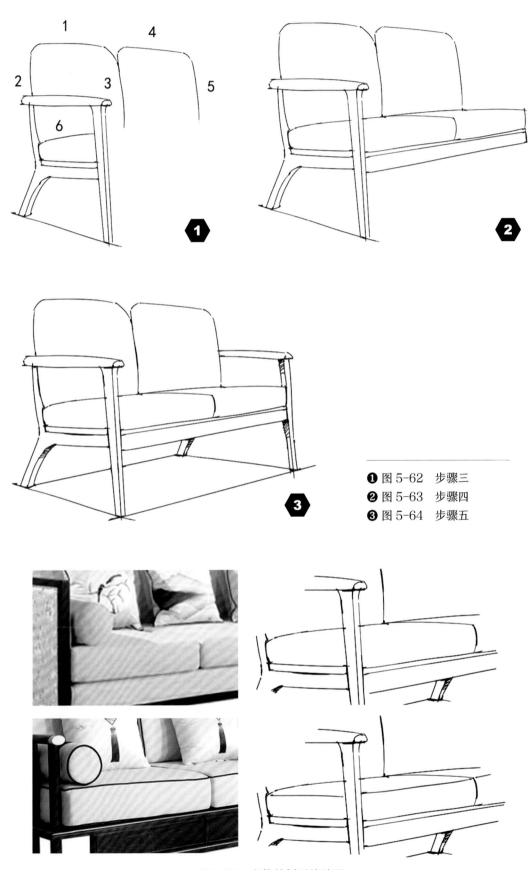

❶ 图 5-62　步骤三
❷ 图 5-63　步骤四
❸ 图 5-64　步骤五

图 5-65　坐垫转折面的处理

五、转角沙发

转角沙发的组合方式多种多样，常见的有单人位，双人位，三人位配贵妃床、踏椅等形式。一个座位宽约为 800 mm，深度在 800 mm 到 900 mm 之间，座高在 380 mm 到 460 mm 之间，背高在 700 mm 到 900 mm 之间，贵妃床深度在 1 700 mm 到 2 000 mm 之间。转角沙发的整体尺寸需根据具体座位数而定。

1. 绘制步骤

绘制一个尺寸为 3 500 mm × 850 mm × 800 mm 的转角沙发，其中每个座位宽 800 mm，座高 400 mm，扶手高 650 mm，椅脚高 200 mm，一点透视，视平线在 1 000 mm 高（见图 5-66）。

（1）先完成一个单人座位的绘制，注意尺寸比例关系，坐垫的透视角度不宜太大（见图 5-67）。

（2）完成旁边两个座位的绘制，注意两者尺寸相同，画的时候处理好透视关系（见图 5-68）。

（3）完成贵妃床靠背和扶手的绘制，把握好尺寸关系（见图 5-69）。

（4）完成贵妃床和底座的绘制。画贵妃床的透视关系时要注意床垫的尺寸和近大远小的透视规律，床垫的透视面要比坐垫的透视面大 3 ~ 4 倍（见图 5-70）。

（5）绘制椅脚与投影（见图 5-71）。

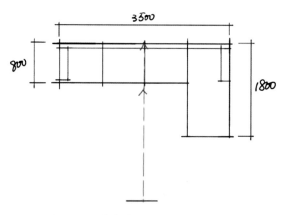

图 5-66 转角沙发的站点和视线角度

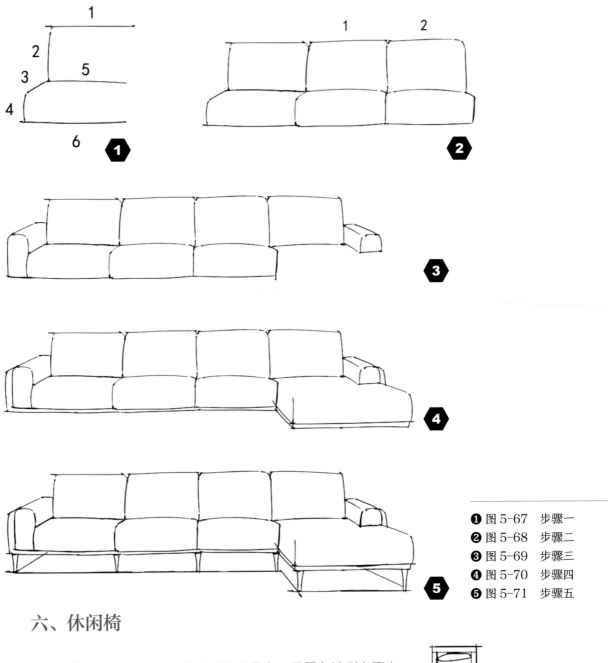

❶ 图 5-67　步骤一
❷ 图 5-68　步骤二
❸ 图 5-69　步骤三
❹ 图 5-70　步骤四
❺ 图 5-71　步骤五

六、休闲椅

休闲椅的尺寸与单人椅、单人沙发差不多，只是在造型上更有个性、更舒适，且一般会搭配脚踏。

1. 绘制步骤

绘制一个尺寸为 800 mm×800 mm×1 000 mm 的休闲椅，脚踏尺寸为 500 mm×500 mm×450 mm，透视角度为 36°，视平线在 1 000 mm 高（见图 5-72）。

（1）先完成脚踏侧面的绘制，用点定位椅脚的高度，注意脚踏的造型特征，两层垫子和椅脚的高度均为 150 mm（见图 5-73）。

（2）完成脚踏两个垫子的绘制（见图 5-74）。

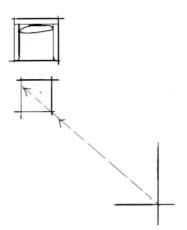

图 5-72　休闲椅的站点和视线角度

（3）完成脚踏椅脚的绘制，注意椅脚的造型和近大远小的透视规律，并通过脚踏推出休闲椅的透视关系（见图 5-75）。

（4）完成远处扶手和靠背的绘制，并画出靠枕和坐垫的轮廓，注意靠背造型近大远小的透视规律（见图 5-76）。

（5）绘制椅脚与投影（见图 5-77）。

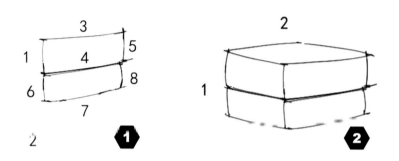

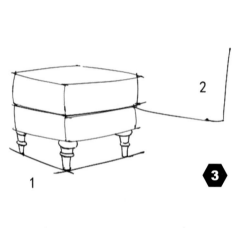

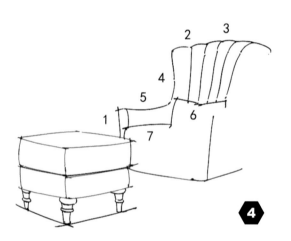

❶ 图 5-73　步骤一
❷ 图 5-74　步骤二
❸ 图 5-75　步骤三
❹ 图 5-76　步骤四
❺ 图 5-77　步骤五

2. 绘制技巧

（1）物体的前后关系：脚踏和休闲椅之间有一小段距离，因此在画休闲椅的时候要注意定位（见图 5-78 ）。

（2）曲线：设计者初次接触带有曲线的家具时，往往难以一笔流畅地概括曲线造型。练习的时候，可以先用短的曲线，再通过接点的方式衔接起来概括曲线造型，熟练之后再用长曲线绘制（见图 5-79 ）。

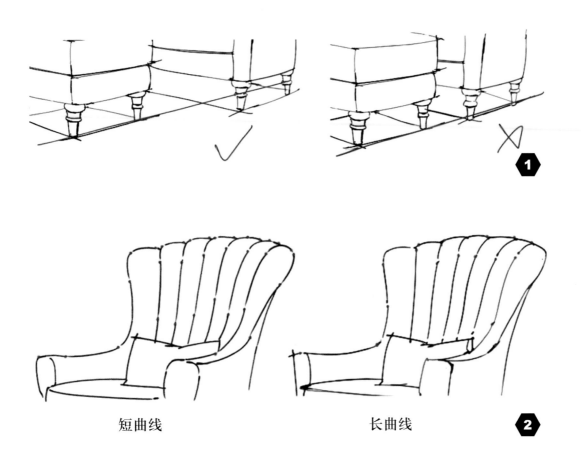

短曲线　　　　　　　　　　长曲线

❶ 图 5-78　物体的前后关系
❷ 图 5-79　曲线家具的运笔技巧

七、案例赏析

椅子的手绘效果图案例如图 5-80 至图 5-84 所示（素材可在技工教育网下载）。

图 5-80　椅子手绘效果图案例一

图 5-81 椅子手绘效果图案例二

图5-82 椅子手绘效果图案例三

图 5-83 椅子手绘效果图案例四

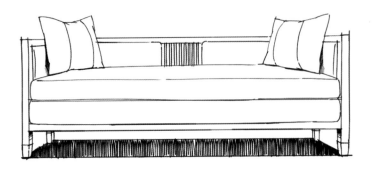

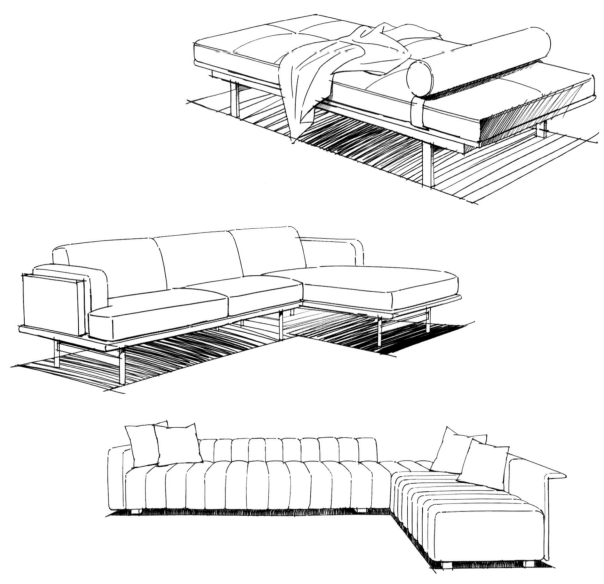

图 5-84　椅子手绘效果图案例五

思考与练习

1. 根据步骤分析和绘制技巧，完成单人椅、吧椅、单人沙发、双人沙发、转角沙发和休闲椅的手绘表现练习。

2. 临摹椅子手绘效果图案例。

第三节 | SECTION 3
床

学习目标

1. 了解单人床和双人床的尺寸比例特征。

2. 了解绘制寝具和床的步骤和技巧。

3. 了解织物和软包的表现技巧。

4. 能独立绘制床。

床的基本型是大而矮的长方体，俯视角度让寝具成为床的表现重点，舒适柔软的靠枕和被子遮挡了床的大部分结构，透过织物表达正确的结构和透视关系是绘制床的难点。本节重点训练织物和软包的表现技法。

一、寝具

寝具是指摆放在床上供人休息时使用的物品，包括靠枕、被子、床单、床旗等。

1. 靠枕

靠枕的基本型一般是正方体。由于被内部的枕芯撑起，所以靠枕的结构特征是中心鼓起、四角突出，其透视关系和正方体一致（见图 5-85）。

绘制步骤（见图 5-86）：

（1）确定靠枕的尺寸比例，注意用笔放松、线条有弧度。

（2）绘制顶部的布纹褶皱，注意透视关系和线条之间的前后遮挡关系。

（3）绘制靠枕的另一边，重点表现靠枕的膨胀感，注意近大远小的透视规律。

（4）完成靠枕形体的绘制，注意画侧面褶皱时要随意轻松，切忌平均统一。

（5）绘制压点和投影，注意投影的疏密变化。

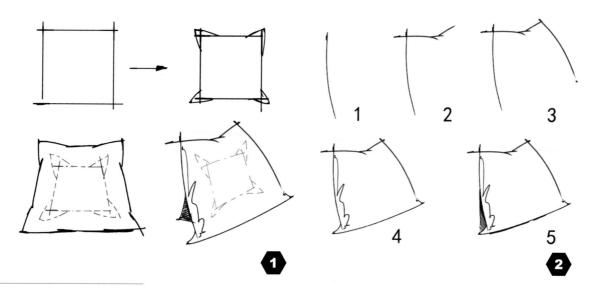

❶ 图 5-85　靠枕的结构特征
❷ 图 5-86　靠枕的绘制步骤

2. 被子褶皱

被子铺在床上时，受到重力的作用会产生垂坠的褶皱，这些褶皱集中在床角这一受力点，呈发散状（见图 5-87）。被子褶皱有疏密变化，距离床角越近，褶皱越集中、越密集；距离床角越远，重力影响越小，褶皱变得疏松和平整。硬而厚的材质其褶皱偏少，且质感蓬松，如棉被；薄而软的材质其褶皱偏多，且质感垂顺，如丝绸（见图 5-88）。

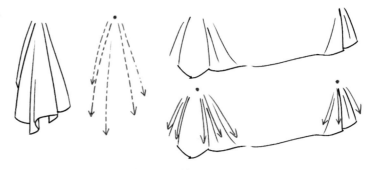

图 5-87　被子褶皱结构

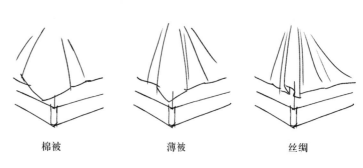

棉被　　　　　　薄被　　　　　　丝绸

图 5-88　不同材质的褶皱

3. 被子转折面

虽然被子把床的结构遮挡了起来，但仍可以通过被子的转折面表现床的结构（见图 5-89）。

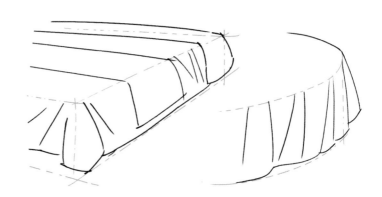

图 5-89　用织物的转折面
表达床的结构

二、床

床的种类有单人床和双人床。单人床的宽度在 900 mm 到 1 200 mm 之间，长度在 1 800 mm 到 2 100 mm 之间（其中长度为 1 800 mm 的是儿童床），床高在 400 mm 到 450 mm 之间。双人床的宽度在 1 370 mm 到 1 800 mm 之间，长度在 2 000 mm 到 2 100 mm 之间，床高在 400 mm 到 500 mm 之间，其中宽度为 1 500 mm 和 1 800 mm 的双人床最常见。

1. 绘制步骤

绘制一个尺寸为 1 500 mm×2 100 mm×500 mm 的双人床，靠背高 1 200 mm，透视角度为 45°，视平线在 1 000 mm 高（见图 5-90）。

（1）先完成正面床角的绘制。注意被子褶皱的位置要能表现床的透视关系，被子褶皱要符合近大远小的透视规律（见图 5-91）。

（2）完成被子和床旗的绘制。注意转折面要能表现床的透视关系，褶皱的分布要自然，切忌等距（见图 5-92）。

（3）完成枕头的绘制，注意枕头的透视关系和枕头之间的前后遮挡关系（见图 5-93）。

（4）完成靠背轮廓的绘制。注意靠背要高于视平线，要处理好透视关系（见图 5-94）。

（5）完成靠背软包的绘制，注意软包要符合近大远小的透视规律（见图 5-95）。

2. 绘制技巧

（1）软包：画软包先定点，再定弧度。点的透视定对了就已经成功了一半，定好点后用短曲线把点连接起来，在此过程中运笔要放松，切忌机械地描摹（见图 5-96）。

（2）褶皱：褶皱宜少不宜多，适当的褶皱可以体现床铺的舒适性和柔软性，且给人弹性十足的感觉；褶皱太多则画面容易显得破旧，失去活力。

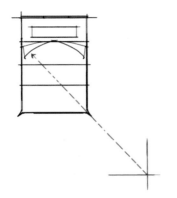

图 5-90　双人床的站点和视线角度

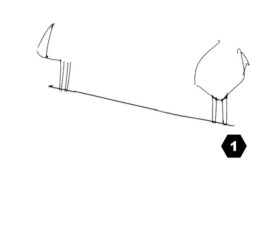

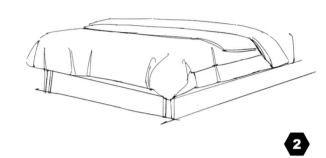

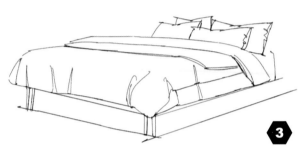

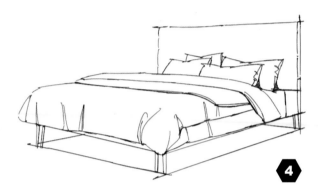

❶ 图 5-91　步骤一
❷ 图 5-92　步骤二
❸ 图 5-93　步骤三
❹ 图 5-94　步骤四
❺ 图 5-95　步骤五

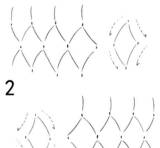

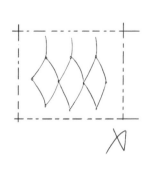

图 5-96　软包的绘制技巧

三、案例赏析

床和寝具的手绘效果图案例如图 5-97 和图 5-98 所示（素材可在技工教育网下载）。

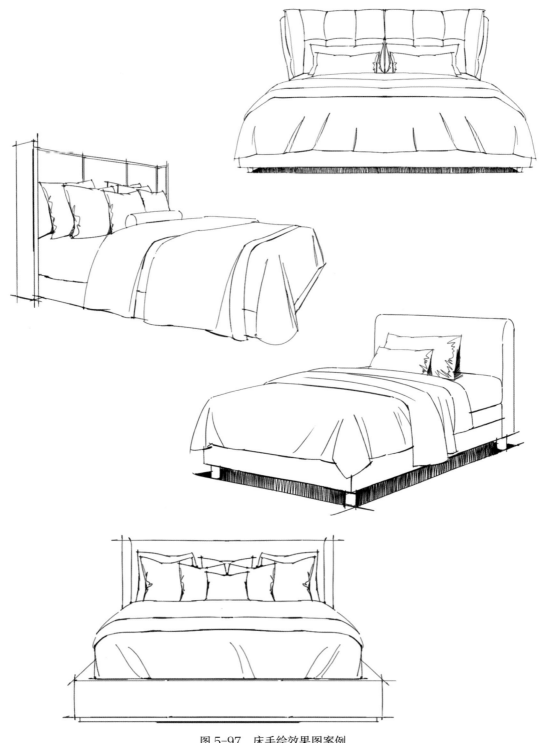

图 5-97　床手绘效果图案例

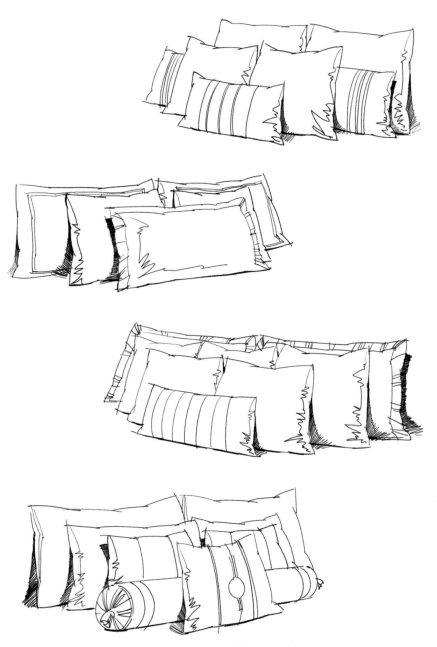

图 5-98　寝具手绘效果图案例

思考与练习

1. 根据步骤分析和绘制技巧，完成寝具和床的手绘表现练习。

2. 临摹床和寝具的手绘效果图案例。

第四节

SECTION 4
窗帘

学习目标

1. 了解窗帘的各种造型特征。

2. 了解绘制窗帘的步骤和技巧。

3. 能独立绘制至少两种风格的窗帘。

　　窗帘的主体部分包含幔头、窗帘幔和轨道，有些较复杂的窗帘还配有各种流苏配饰装饰物和绑带、纽扣等小配件。不同风格、不同类型的窗帘每一部分都可能有所不同，窗帘的区别具体体现在幔头形式和帘幔底部形式上（见图 5-99 和图 5-100）。本节重点训练布艺的疏密处理。

一、绘制步骤

　　绘制一个尺寸为 2 500 mm × 2 500 mm 的窗帘，一点透视。

　　1. 先确定窗帘的宽度，再绘制窗帘的造型。注意用笔放松，表现布的垂坠感（见图 5-101）。

　　2. 绘制窗帘的褶皱，注意褶皱的衔接和疏密变化。虽然为表现褶皱的受光面而需要断开线条，但线条要能在绑带处衔接（见图 5-102）。

　　3. 确定窗纱的宽度（见图 5-103）。

　　4. 绘制窗纱的褶皱，注意窗纱褶皱和窗帘褶皱的疏密对比（见图 5-104）。

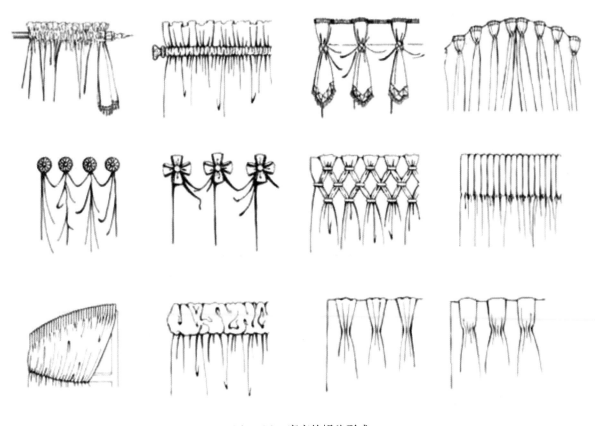

图 5-99 窗帘的幔头形式

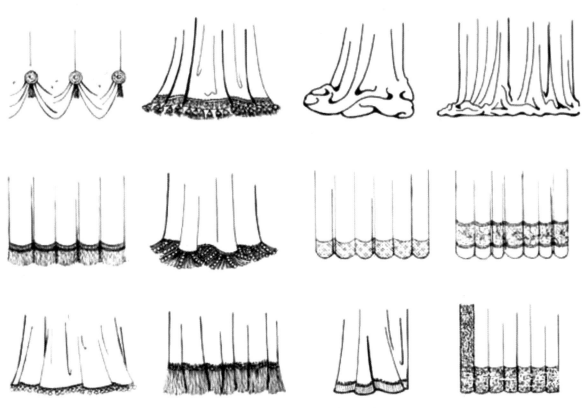

图 5-100 窗帘的帘幔底部形式

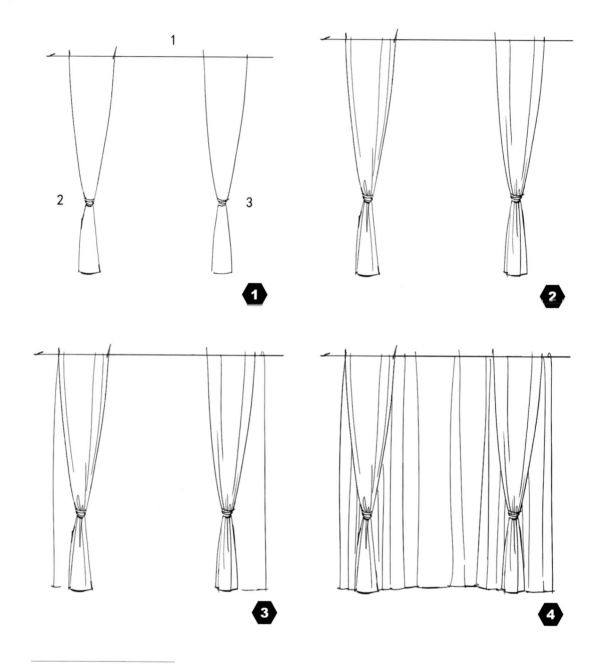

❶ 图 5-101　步骤一
❷ 图 5-102　步骤二
❸ 图 5-103　步骤三
❹ 图 5-104　步骤四

二、容易犯错的地方

1. 褶皱太平均

褶皱应该有疏密变化，切忌平均（见图 5-105）。

2. 褶皱没有衔接起来

窗帘是被绑带系在一起的，因此所有的褶皱应该向着绑带集中，再从绑带发散出去（见图 5-106）。

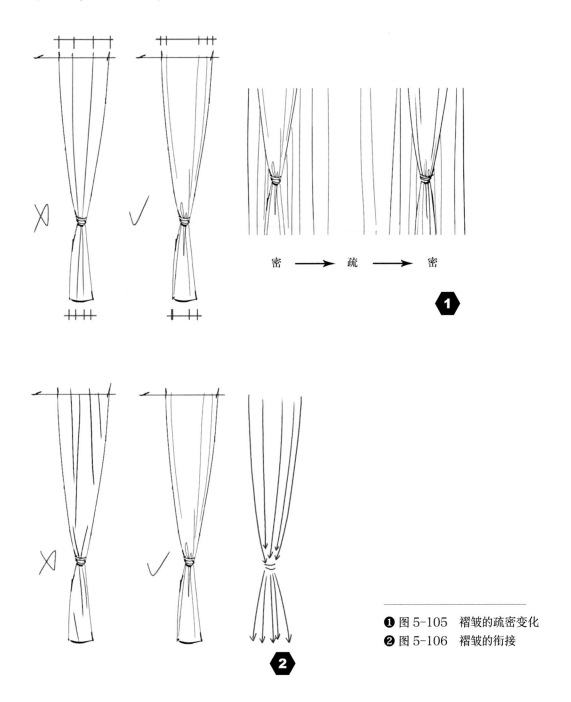

密 ——→ 疏 ——→ 密

❶

❷

---

❶ 图 5-105　褶皱的疏密变化
❷ 图 5-106　褶皱的衔接

三、案例赏析

窗帘的手绘效果图案例如图 5-107 所示（素材可在技工教育网下载）。

图 5-107　窗帘手绘效果图案例

思考与练习

    1. 根据步骤分析和绘制技巧，完成窗帘的手绘表现练习。

    2. 临摹窗帘的手绘效果图案例。

第五节 | SECTION 5

灯具

学习目标

1. 了解吊灯、台灯和落地灯的造型比例特征。

2. 了解绘制吊灯的步骤和技巧。

3. 能独立绘制至少两款吊灯、台灯和落地灯。

　　室内常见的灯具有吊灯、射灯、暗藏灯、台灯和落地灯，其中除射灯和暗藏灯不需要手绘线稿表现外，其他种类灯具富有装饰性的造型是软装搭配中重要的元素之一。灯具的基本型多为圆柱体，在绘制过程中要时刻注意圆的透视变化，并处理好物体之间近大远小和造型对称的关系。本节重点训练透视圆的应用。

一、绘制步骤

　　绘制一个直径 880 mm×1 350 mm 的吊灯，采用一点透视的方式。

　　1. 观察吊灯的构成关系，把它理解为一个仰视角度的圆柱体。灯罩是 8 个相等的单元体，左右均衡对称（见图 5-108）。

　　2. 绘制离观察者最近的灯罩，确定尺寸和透视关系（见图 5-109）。

　　3. 参照左边的灯罩绘制右边对称的灯罩，确定吊灯的中心（见图 5-110）。

4. 参照最前面灯罩的比例关系，绘制第二层灯罩，注意圆的透视变化和近大远小、近高远低的透视规律（见图 5-111）。

5. 完成后排灯罩的绘制，处理好透视关系和对称关系，切忌急躁（见图 5-112）。

6. 补充吊灯的其他造型细节（见图 5-113）。

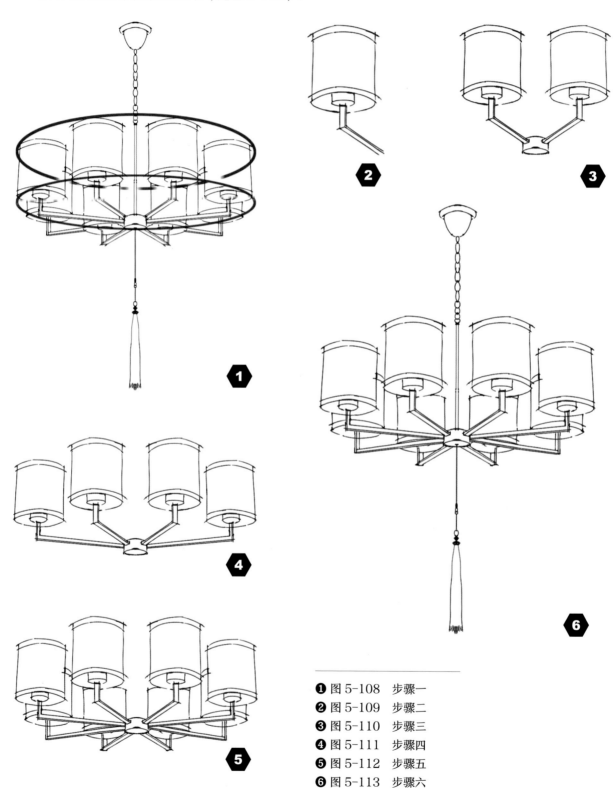

❶ 图 5-108　步骤一
❷ 图 5-109　步骤二
❸ 图 5-110　步骤三
❹ 图 5-111　步骤四
❺ 图 5-112　步骤五
❻ 图 5-113　步骤六

二、案例赏析

灯具的手绘效果图案例如图 5-114 所示（素材可在技工教育网下载）。

图 5-114　灯具手绘效果图案例

思考与练习

1. 根据步骤分析和绘制技巧，完成吊灯的手绘表现练习。

2. 临摹灯具的手绘效果图案例。

3. 尝试参考灯具实景图，绘制灯具手绘线稿。

第六节

SECTION 6

摆件

学习目标

1. 了解常见室内摆件的造型比例特征。

2. 能独立绘制至少两组摆件。

摆件是室内装饰中非常重要的"点"元素，它能起到强烈的聚焦效果，是室内空间的视觉中心，是点缀空间的"亮点"。有个性和品位的摆件可以烘托环境氛围，强化空间风格，突出空间的个性品位。本节重点训练曲线的应用。

一、绘制步骤

绘制一个中式插花摆件组合，采用一点透视的方式。

1. 绘制位于组合中最前方的摆件组合，注意杯口的透视关系，两个杯子左右对称（见图 5-115）。

2. 绘制位于后方的摆件组合，注意组合的整体构图，摆件要有高低变化以丰富画面的层次感（见图 5-116）。

3. 绘制植物。植物是摆件组合中的"点睛"之笔，它的绘制要点是造型与疏密变化，植物不同的造型和疏密变化能改变摆件组合的整体感觉（见图 5-117）。

❶ 图 5-115 　步骤一
❷ 图 5-116 　步骤二
❸ 图 5-117 　步骤三

二、案例赏析

摆件的手绘效果图案例如图 5-118 和图 5-119 所示（素材可在技工教育网下载）。

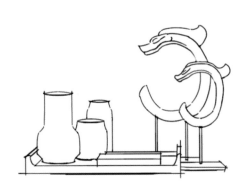

图 5-118 　摆件手绘效果图案例一

图 5-119　摆件手绘效果图案例二

思考与练习

1. 临摹摆件的手绘效果图案例。

2. 尝试参考摆件实景图，绘制摆件手绘线稿。

第七节

SECTION 7

组合家具

学习目标

1. 了解绘制餐桌组合、床组合和沙发组合的步骤和技巧。

2. 能独立绘制餐桌组合、床组合、沙发组合和书桌组合。

　　组合家具的内容多、尺度大，如果不能把握好各单体的尺寸比例关系和单体与空间的关系，所绘制出来的组合家具就会有不协调的感觉。本节重点训练物体之间的空间关系和比例关系。

一、方形餐桌组合

　　常见的方形餐桌组合有四人、六人和八人。在绘制餐桌组合时，把餐桌、餐椅视为由多个方体组合而成的一组几何形体，注重步骤，逐一绘制即可。

　　绘制步骤：

　　绘制一套四人餐桌组合，其中餐桌尺寸为 1 400 mm×800 mm×750 mm，餐椅尺寸为 500 mm×500 mm×850 mm，一点透视，视平线在 1 200 mm 高（见图 5-120）。

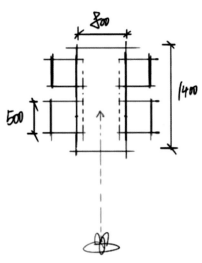

图 5-120　四人餐桌组合的
站点和视线角度

1. 参考视平线定好餐桌高度，绘制桌面时注意尺寸和透视关系（见图 5-121）。

2. 绘制桌脚的造型，注意桌脚要符合近大远小的透视规律（见图 5-122）。

3. 绘制最前面的餐椅，注意餐椅和餐桌的位置关系，餐椅的尺寸比例要与餐桌一致（见图 5-123）。

4. 绘制后面的餐椅，注意其与前面餐椅和餐桌之间的透视关系和大小比例关系（见图 5-124）。

5. 完成另一边餐椅的绘制，注意左右餐椅位置的对称（见图 5-125）。

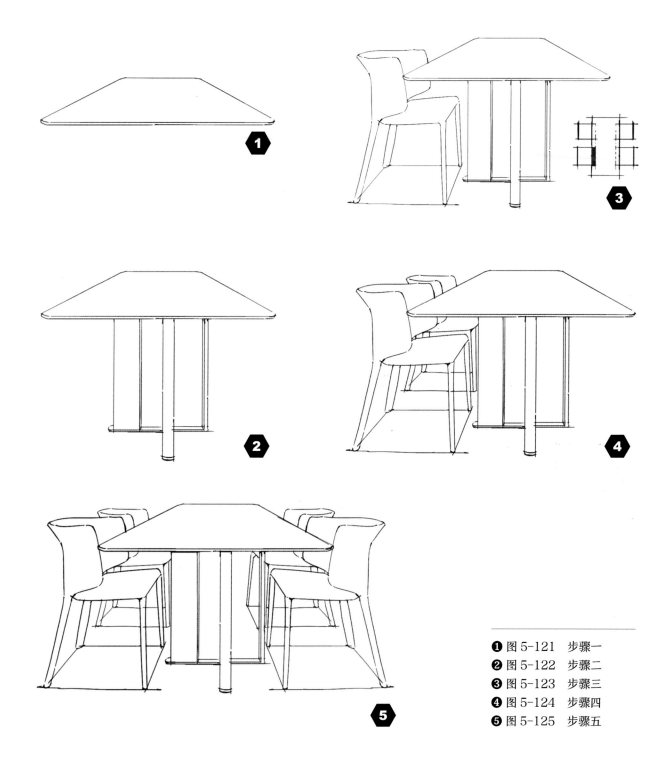

❶ 图 5-121　步骤一
❷ 图 5-122　步骤二
❸ 图 5-123　步骤三
❹ 图 5-124　步骤四
❺ 图 5-125　步骤五

二、圆形餐桌组合

常见的圆形餐桌组合有八人到十四人。无论圆形餐桌组合座位数量有多少，它的基本型都是圆柱体。餐椅是左右均衡对称的单元体，绘制时选定一个适合的站点，即一张餐椅的正后方或两张餐椅之间。

图 5-126　圆形餐桌组合的
站点和视线角度

绘制步骤：

绘制一套十四人圆形餐桌组合，其中餐桌尺寸为直径 2 400 mm×750 mm，餐椅尺寸为 500 mm × 500 mm × 850 mm，一点透视，视平线在 1 000 mm 高（见图 5-126）。

1. 用点先虚定餐桌的尺寸比例。根据平面图的站点，确定最前面餐椅的透视角度为 18°，画出两张对称的透视角度为 18° 的餐椅，注意餐椅的尺寸比例要和餐桌一致（见图 5-127）。

2. 根据平面图站点确定后一张椅子的透视角度为 45°，画出对应的餐椅，注意整体圆柱的透视关系（见图 5-128）。

3. 用同样的方法画出后面两张餐椅。最后餐椅投影的透视面太小，画了反而会成累赘，因此此处做主观舍弃处理（见图 5-129）。

4. 绘制餐桌。注意用笔要流畅，可用短曲线分段处理（见图 5-130）。

5. 完成后面餐椅的绘制，注意与前排餐椅的位置关系（见图 5-131）。

❶ 图 5-127　步骤一
❷ 图 5-128　步骤二

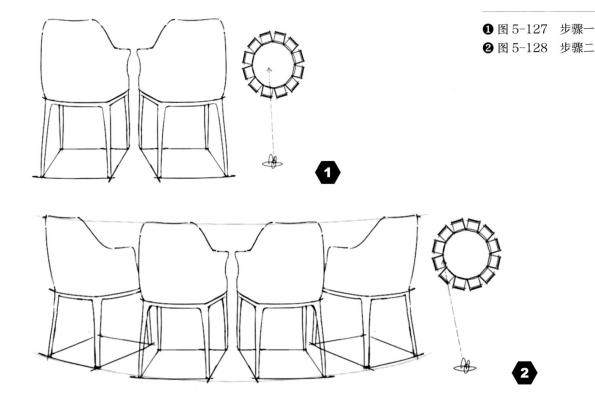

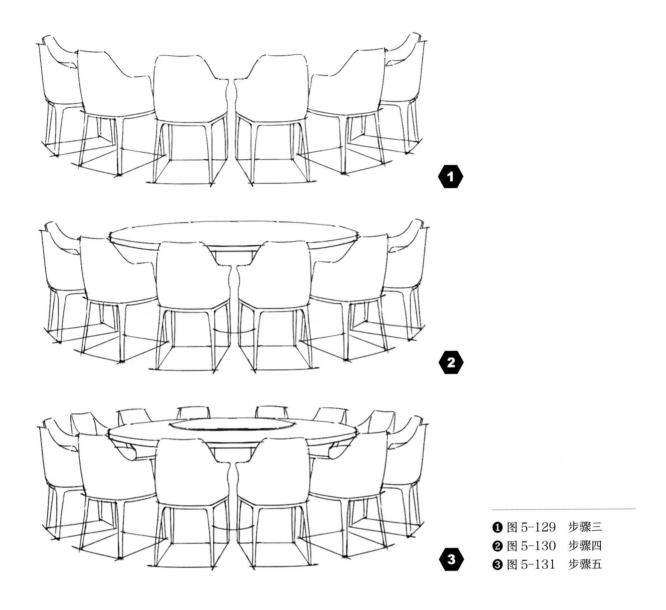

❶ 图5-129　步骤三
❷ 图5-130　步骤四
❸ 图5-131　步骤五

三、床组合

绘制卧室时，受空间大小和主观意识的影响，一般会选择观察面更多的两点透视进行绘制。床的配套家具有床头柜、床头灯和床尾凳。确保第一个家具透视关系正确是画好两点透视床组合的重点。

绘制步骤：

绘制一套双人床组合，其中床尺寸为1 500 mm×2 100 mm×500 mm，床头柜尺寸为400 mm×600 mm×420 mm，床头灯尺寸为直径400 mm×400 mm，床尾凳尺寸为400 mm×1 200 mm×400 mm，透视角度为45°，视平线在1 000 mm高（见图5-132）。

1. 先通过床确定站点，再从站点观察，到床尾凳的透视角度为27°，绘制时注意两点透视的"一平二长三小"规律（见图5-133）。

2. 绘制床尾凳上的摆件，并定出床尾的透视关系，要善用床尾凳的透视线来帮助确定床尾的透视关系（见图5-134）。

3.绘制床侧面和床尾巾，注意床与床尾凳的位置关系（见图5-135）。

4.绘制床头柜和床头灯。床头柜先画右侧垂直线，借此确定床头柜的尺寸大小，要善用床尾巾的透视线来帮助确定床头柜的透视关系，注意灯与床的比例关系（见图5-136）。

5.绘制枕头和被子，注意枕头近大远小的透视规律（见图5-137）。

6.绘制远处的床头灯并完成其他画面细节绘制，注意两盏灯的透视关系和尺寸比例关系（见图5-138）。

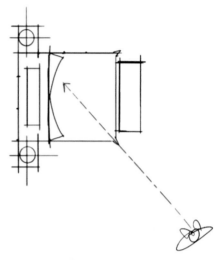

图5-132　双人床组合的站点和视线角度

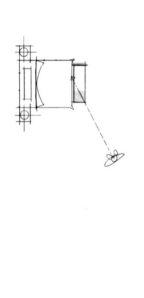

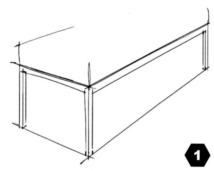

①

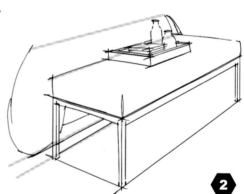

②

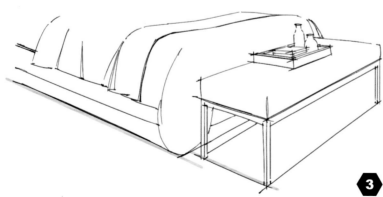

③

❶ 图5-133　步骤一
❷ 图5-134　步骤二
❸ 图5-135　步骤三

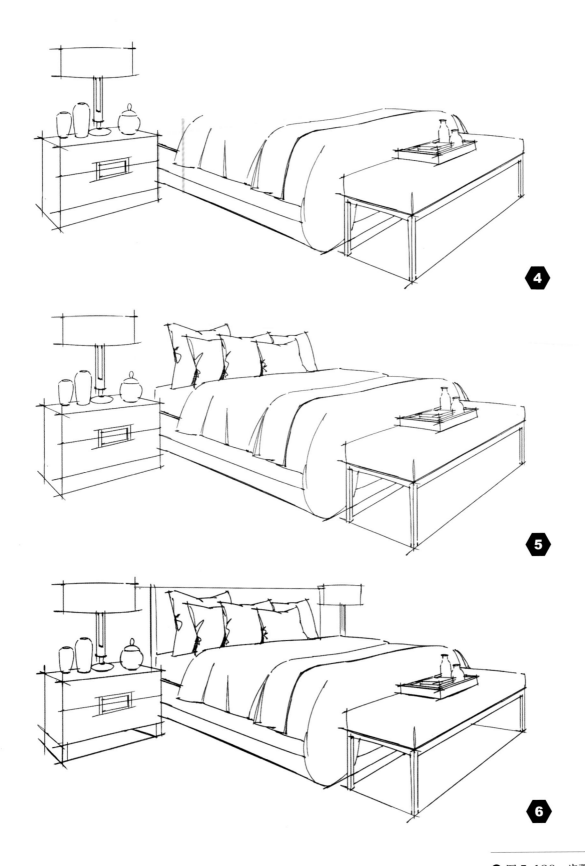

四、沙发组合

沙发根据座位数可以分为单人沙发、双人沙发和三人沙发。沙发组合通常由不同座位数的沙发和茶几、边几、灯具组合而成，常见搭配有 1+2、2+3、1+1+2、1+1+3、1+2+3、1+1+2+3 等（1 指单人位，2 指双人位，3 指 3 人位）。沙发组合的单体比较多，空间关系相对复杂，但万变不离其宗，处理好最近的单体是关键。

绘制步骤：

绘制一套 1+1+2+3 的沙发组合，其中茶几尺寸为 1 200 mm×600 mm×450 mm，单人椅尺寸为 650 mm×650 mm×850 mm，贵妃床尺寸为 1 800 mm×800 mm×780 mm，三人沙发尺寸为 2 400 mm×800 mm×850 mm，通道约 600 mm，一点透视，视平线在 1 000 mm 高（见图 5-139）。

1. 通过最前面的单体确定组合的尺寸比例和透视关系。由于单体比较多，所以茶几不要画得太大，否则最终完成的画面容易过于饱满（见图 5-140）。

2. 参考茶几的尺寸比例绘制后面的三人沙发，建议先画沙发的正面，定出三人沙发的宽度和扶手的高度，再根据消失点画出沙发的坐垫、扶手侧面和靠背，注意茶几和沙发之间的距离（见图 5-141）。

3. 绘制贵妃床，注意坐垫和靠背的高度要与三人沙发一致（见图 5-142）。

4. 绘制前面的单人椅，注意单人椅与贵妃床的空间关系（见图 5-143）。

5. 完成后面的单人椅、灯具和地毯的绘制（见图 5-144）。

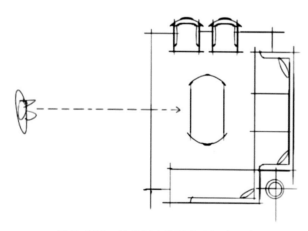

图 5-139　沙发组合的站点和视线角度

图 5-140　步骤一

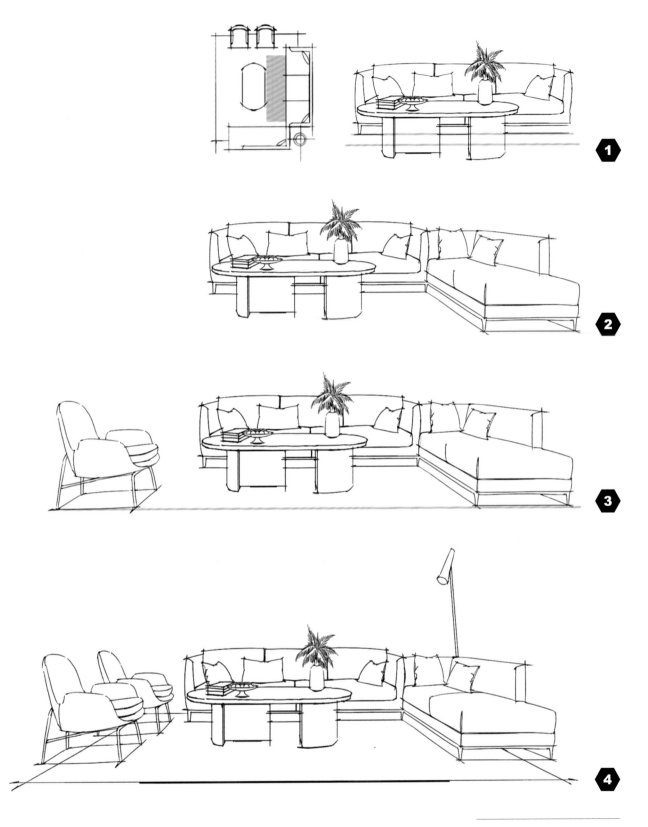

五、案例赏析

 沙发组合、餐厅组合、床组合、书桌组合的手绘效果图案例分别如图 5-145 至图 5-149 所示（素材可在技工教育网下载）。

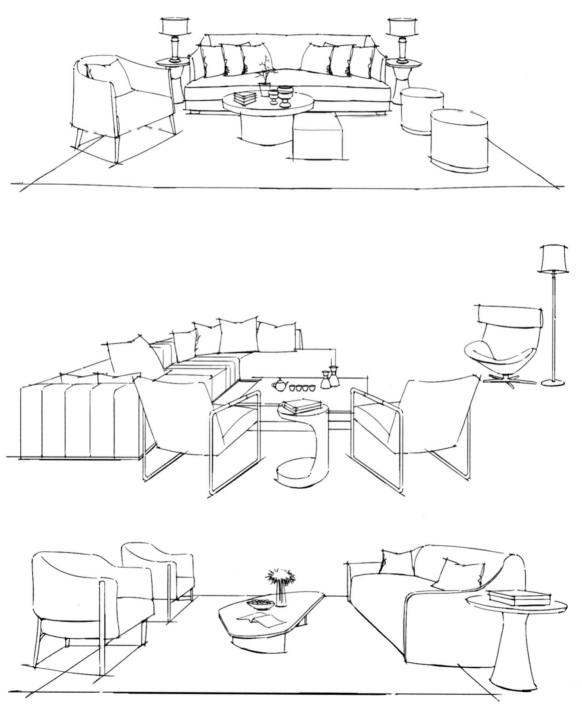

图 5-145　沙发组合手绘效果图案例

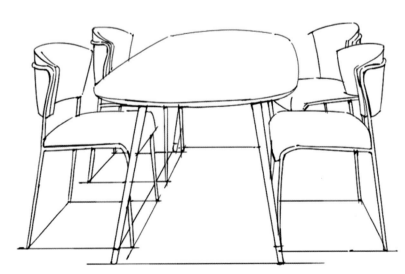

图 5-146　餐桌组合手绘效果图案例

图 5-147 床组合手绘效果图案例

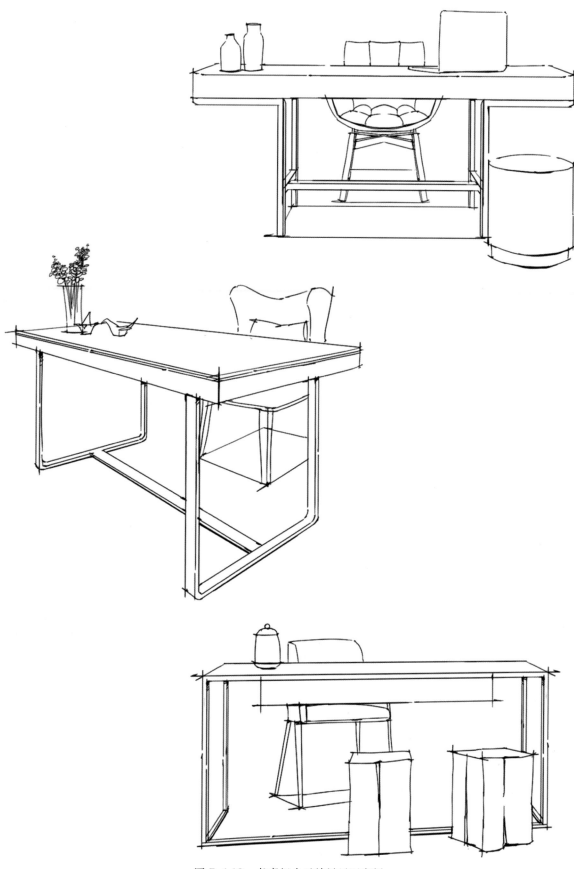

图 5-148　书桌组合手绘效果图案例

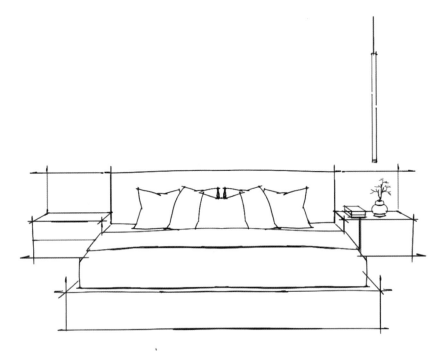

图 5-149　餐桌、床、书桌组合手绘效果图案例

思考与练习

1. 根据步骤分析和绘制技巧，完成餐桌组合、床组合和沙发组合的手绘表现练习。

2. 临摹餐桌组合、床组合、沙发组合和书桌组合的手绘效果图案例。

3. 尝试参考实景图，绘制家具组合的手绘线稿。

第六章

室内空间表现

本章知识点

◆空间定位法的原理与应用。

◆画面的构图技巧。

◆一点透视、两点透视和一点斜透视室内空间线稿表现的绘制步骤与技巧。

　　室内场景中内容丰富且复杂交错，画者需要掌握科学高效的空间定位方法和对画面进行主观处理的技巧，才有可能创作出能给人带来审美愉悦的室内手绘效果图。

　　本章将通过实例讲解，重点训练空间定位、构图和画面虚实处理能力。

第一节

SECTION 1
画面构图

学习目标

1. 了解绘制一点透视室内手绘效果图时选择站点的方法。

2. 了解确定室内空间尺度和比例的方法。

3. 了解确定空间进深的方法。

4. 了解根据二维平面推演三维空间的步骤和方法。

5. 能独立根据二维平面图推演出三维空间。

　　无论是哪种绘画形式，构图都是一个重要的环节，室内手绘效果图也不例外。室内手绘效果图的构图就是指设计者按照所需要表现的主题，把所有造型在画面中适当地组织起来，构成一个协调、完整的画面，以达到视觉心理上的平衡。室内手绘效果图构图的重点是找出一个适合的站点和角度，来表现方案的设计亮点。

　　本节重点训练选站点和定画面的尺度与比例，初步学习二维平面转三维空间的技巧。本节只讲一点透视的构图，两点透视的构图方法将在下一节中详细讲解。

　　A、B 是两个不同尺度、比例的空间（见图 6-1），接下来将通过它们讲解构图的技巧。

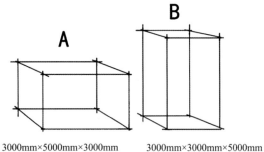

3000mm×5000mm×3000mm   3000mm×3000mm×5000mm

图 6-1 构图讲解实例图

一、构图步骤

1. 选定站点和视线角度

确定站点和视线角度，其中站点的位置建议定在空间进深一半（AB）的 1～1.5 倍处（见图 6-2）。

2. 确定尺度、比例

通过立面的长边在横向 A3 纸上定尺度、比例，定出 1 000 mm 的距离大小，注意纸边留白 3 cm（见图 6-3）。

3. 定画面大小

用定出的 1 000 mm 距离确定立面短边位置，得出画面大小（见图 6-4）。

4. 定视平线与消失点

在画面中定出 1 200 mm 的视平线，消失点定在正中，拉出透视线（见图 6-5）。

5. 通过平面定位空间进深距离

从站点连接靠近画面的平面边界，延长到另一边界得 A、D 两点，AD 为空间正常的宽度，BC 为空间缩变后的宽度，目测 BC 与 AD 在平面的比例关系（见图 6-6），得出其在三维效果图中空间进深的距离。注意 AD、BC 的比例关系会随着站点的改变而变化。

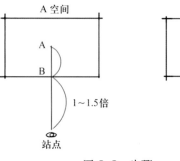

图 6-2 步骤一

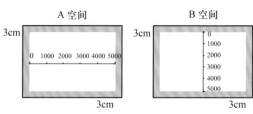

图 6-3 步骤二

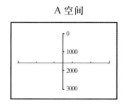
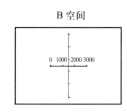

图 6-4 步骤三

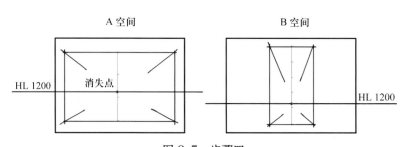

图 6-5 步骤四

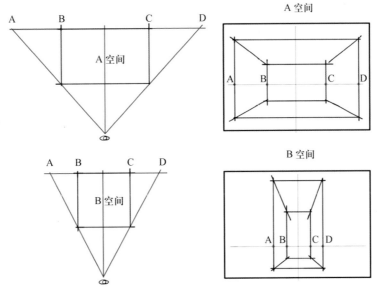

图 6-6 步骤五

二、构图技巧

1.画面在纸上位置偏上，能让画面更协调、舒适（见图6-7）。

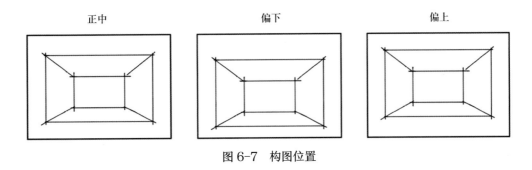

图 6-7 构图位置

2.像 B 空间这种高度大于宽度的空间，选用竖构图能让画面更饱满、内容更清晰（见图6-8）。

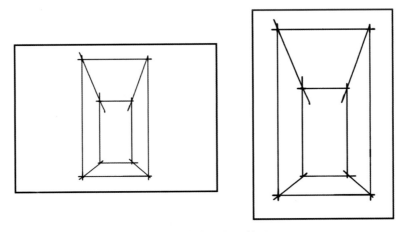

图 6-8 横构图与竖构图

思考与练习

1. 参考步骤，完成 A、B 空间视平线在 1 800 mm 的构图。

2. 把站点改为左侧 1 000 mm 处，完成 A、B 空间视平线在 1 200 mm 的构图。

第
二
节

SECTION 2
空间定位

学习目标

1. 了解空间定位的原理与方法。

2. 了解在一点透视与两点透视中准确定位周边物体位置的步骤与技巧。

3. 能独立根据方体在二维平面图的位置推演出它们在三维空间中的透视关系。

本节重点训练空间定位方法。只有掌握了空间定位技巧，才能游刃有余地处理体量更大、布局更复杂的室内空间。

图6-9为3 600 mm×4 800 mm×3 000 mm 的室内空间平面图，其中五个方体的尺寸与位置关系如图所示，另有方体6处在方体1的正上方，尺寸为800 mm×800 mm×400 mm。接下来将通过此实例讲解一点透视与两点透视的空间定位方法。

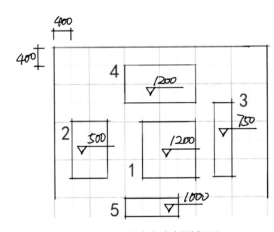

图6-9 空间定位实例讲解图

一、一点透视空间定位法

1. 绘制步骤

（1）选定站点（见图6-10）：在平面图上先确定站点和视线角度。由于方体5为遮挡物，所以画面内容的边界定在方体5的前面。

（2）确定画面构图（见图6-11）：根据空间尺寸在纸上定好尺度、比例，再确定1500 mm的视平线和消失点。

（3）绘制方体1（见图6-12）：先根据视平线确定方体1的位置、尺寸与透视关系，再在平面图上连接站点与方体1的左上角，连线相交于方体1正面的红点处，确定方体的缩变距离。

（4）根据方体1定位与它水平的物体（见图6-13）：在平面上观察方体1与方体2的位置与尺寸关系，参考方体1绘制出方体2，用空间定位法通过平面推演出方体2的缩变距离。

（5）根据方体1定位比它靠前的物体（见图6-14）：根据方体1确定方体3的尺寸比例，先画出方体3的透视线，再在平面图上连接站点与方体3的左下角，延长线相交于方体1正面的水平线上，由此确定方体3左下角的位置，再用空间定位法推演出方体3的缩变距离。

（6）根据方体1定位比它靠后的物体（见图6-15）：在平面上观察方体4的平面位置与周边物体的关系，借助方体1和方体2确定方体4的位置、尺寸和透视关系。

（7）根据方体1定位在它前面的物体（见图6-16）：在平面上观察方体5的平面位置与周边物体的关系，借助方体1反推出方体5的位置、尺寸和透视关系。

（8）根据方体1定位在它上方的物体（见图6-17）：用空间定位法通过方体1推演出方体6的位置、尺寸和透视关系。

（9）绘制空间（见图6-18）：用空间定位法在平面上观察空间左上角与方体2的位置关系，推演出空间的缩变距离。

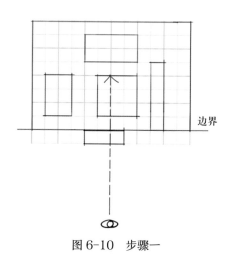

图6-10　步骤一

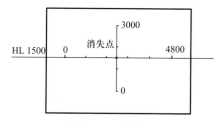

图6-11　步骤二

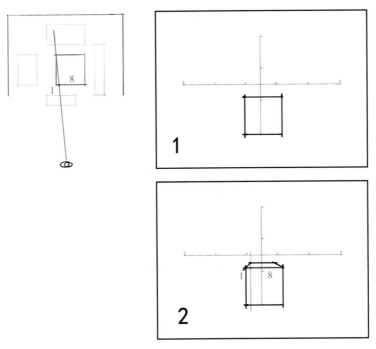

图 6-12　步骤三

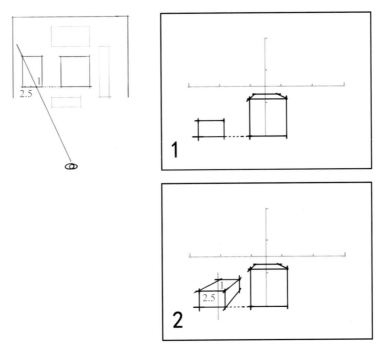

图 6-13　步骤四

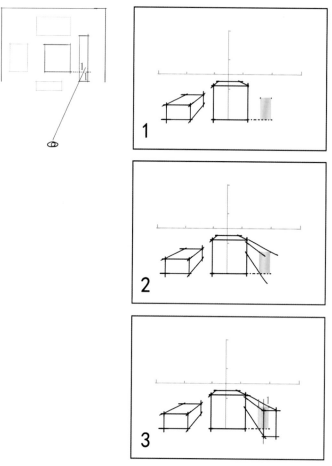

图 6-14　步骤五

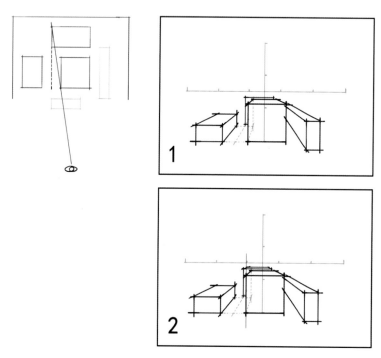

图 6-15　步骤六

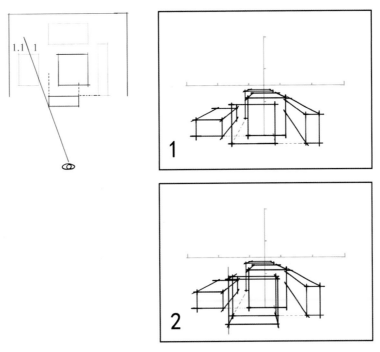

图6-16 步骤七

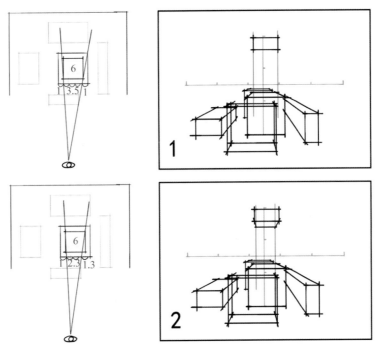

图6-17 步骤八

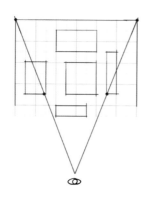
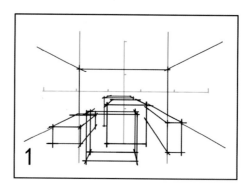

图 6-18　步骤九

2. 绘制技巧

使用空间定位法的目的是能更快速、更准确地表现室内空间，但若因此而变得畏首畏尾，就违背了使用空间定位法的初衷。徒手快速手绘表现本来就存在误差，在一定范围之内的误差是允许的，过度吹毛求疵会失去快速表现的意义。空间定位法的重点是帮助初学者培养准确的空间透视感，学习初期可以慢一点儿，力求准确，待学习者熟悉后可以逐步加快定位的速度。

二、两点透视空间定位法

1. 绘制步骤

（1）选定站点（见图 6-19）：在平面图上先确定站点和视线角度，方体 1 为参照物，透视角度选 36° 为最佳，经过方体 1 的中央绘制视线的垂直线，该垂直线为透视成像的画面（PP），方体 2 和方体 3 的外边角投射在 PP 上的长度（AB）为画面的范围。

（2）绘制方体 1（见图 6-20）：确定 1 500 mm 的视平线，先定出方体 1 的尺寸与位置，位置可参考方体 1 边角在平面图线段 AB 上的位置，再根据透视角度为 36° 的方体透视缩短变化规律画出方体 1，得出消失点。

（3）根据方体 1 **定位与它水平的物体**（见图 6-21）：在平面图上，将方体 2 的正面投射在画面（PP）上，参考它与方体 1 侧面在画面上投射位置的比例关系，画出方体 2 的三维正面，再用空间定位法推演出方体 2 的缩变距离。

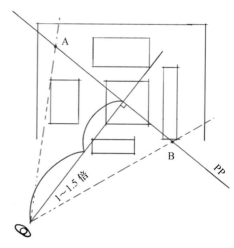

图 6-19　步骤一

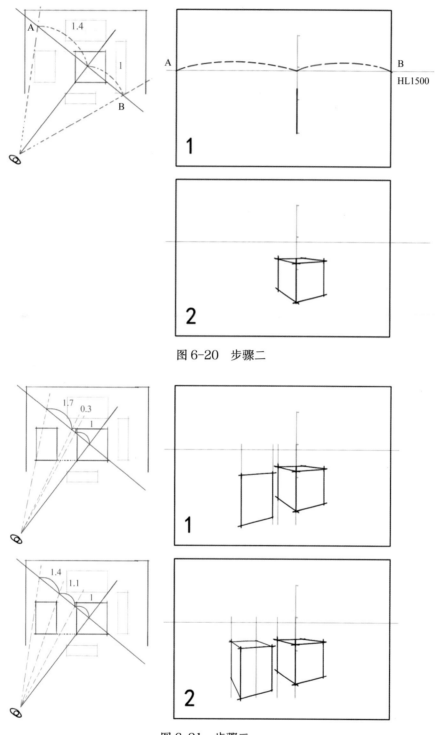

图 6-20 步骤二

图 6-21 步骤三

（4）根据方体1定位比它靠前的物体（见图6-22）：在平面上观察方体5与方体1、2的位置关系，并在画中找准透视位置，然后参照方体5侧面投射在画面（PP）上的距离画出方体5的左侧面，最后再用空间定位法推演出方体5的缩变距离。要善用现有物体的透视线来帮助定位。

（5）根据方体1定位比它靠后的物体（见图6-23）：用空间定位法先分别画出方体3、4靠近方体1的侧面，再推演出各自的缩变距离。

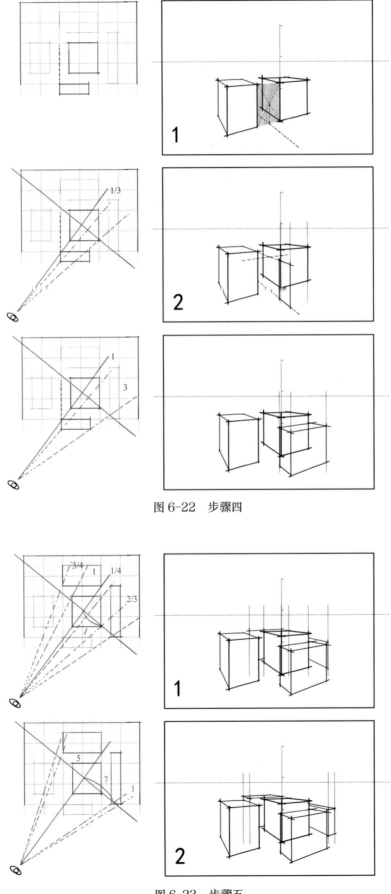

图 6-22 步骤四

图 6-23 步骤五

（6）根据方体1定位在它上方的物体（见图6-24）：先画出方体6靠近画面的边以确定方体6的尺寸和位置，再用空间定位法推演出其侧面的缩变距离。

（7）绘制空间（见图6-25）：用空间定位法在平面上观察空间左上角与方体2的位置关系，推演出空间的缩变距离。

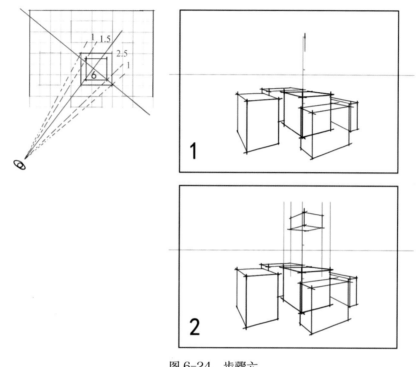

图6-24　步骤六

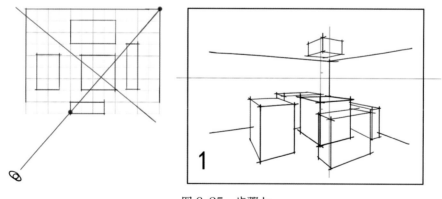

图6-25　步骤七

2.绘制技巧

两点透视的消失点在纸外，因此只能凭感觉确定它们的位置，但这会降低整体画面透视关系的准确性。保证两点透视徒手快速表现中透视关系准确的关键是确保第一个画的物体的透视比例正确，这样周边的物体就可以通过"复制"它的透视线来保证自己的透视关系准确。

思考与练习

1. 按照步骤，分别绘制本节实例的一点透视与两点透视室内效果图。

2. 尝试绘制一个简单平面图的三维效果图。

第三节

SECTION 3
线稿空间

学习目标

1. 了解一点透视、两点透视和一点斜透视空间表现的选择要点。

2. 了解线稿空间的绘制步骤和技巧。

3. 能独立绘制一点透视、两点透视和一点斜透视室内手绘效果图。

室内手绘是快捷直观地表达空间结构、尺度、布局的重要途径，更是表达艺术构思和设计意图的重要手段。不同的构图有着不一样的表现重点和画面表现力，选择适宜的构图能更好地表现设计亮点。

图 6-26 是一个三室两厅的家居设计方案，其中客厅、餐厅和主卧是重点表现的空间。接下来将通过本实例讲解一点透视、两点透视和一点斜透视线稿空间的绘制技巧。

1　玄关
2　多功能房
3　厨房
4　生活阳台
5　客厅
6　餐厅
7　景观阳台
8　公卫
9　男/女主人衣帽间
10　第一主人房
11　套卫
12　第二主人房

图 6-26　线稿空间讲解实例平面图

一、一点透视

客厅一般是家居空间中面积比例最大的空间，也是家庭的活动中心，因此家具相对较多。在绘制客厅空间时，需要重点表现大空间的纵深感和空间布局，此时容易掌握且能够提供准确的尺度和比例、宏观视觉角度的一点透视就很合适。

绘制步骤：

1.选定站点和视线角度（见图6-27）：选站点时要去掉电视柜的厚度，选空间的中央。

2.定视平线，绘制最前面的家具：用空间定位法定矮凳的缩变距离（见图6-28），最前面家具的底部最好离纸边约5 cm，这样画面不会太"空"或过于饱满。

3.绘制边几摆件：用空间定位法定边几的缩变距离（见图6-29），注意边几与矮凳的距离和位置关系。

4.绘制沙发与茶几：用空间定位法定转角沙发的缩变距离（见图6-30），注意枕头的前后遮挡及圆形茶几的透视关系。

5.绘制远处的单人沙发和地毯（见图6-31）：注意单人沙发要符合近大远小的透视规律，切勿画大了，画时可参考转角沙发的坐垫高度。

6.用空间定位法画出空间透视和硬装结构大关系（见图6-32和图6-33）：其中电视的中心离地面1 200 mm，与成人坐着时的眼睛高度相匹配，画的时候注意电视与沙发的位置关系。

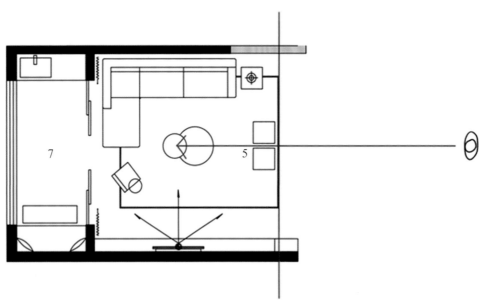

图6-27 步骤一

图 6-28 步骤二

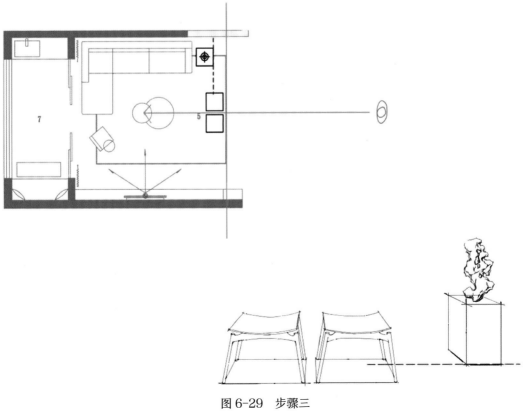

图 6-29 步骤三

图 6-30　步骤四

图 6-31　步骤五

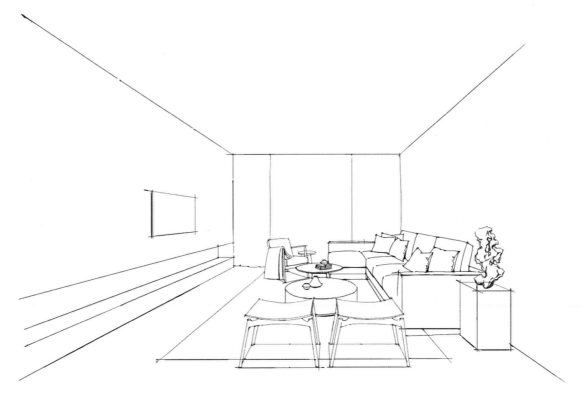

图 6-32 步骤六

图 6-33 步骤七

二、两点透视

餐厅的面积较小，不适合用画面呆板的一点透视来表现。反观两点透视视觉冲击力强，接近人的直观感受，能让餐厅的画面更灵动、丰富、亲切。

绘制步骤：

1. 选定站点和视线角度（见图6-34）：定视线角度时，可选最前面家具的透视角度为36°。如果最前面家具不是正方体，则可以在上面画个正方体，然后再定它的透视角度36°。

2. 定视平线，忽略前面遮挡视线的墙体，画最前面的家具——长条凳（见图6-35）：由于之后家具的透视关系都要参照第一个家具，所以第一个家具画的时候要特别注意其透视关系的正确性。

3. 用空间定位法绘制桌子（见图6-36），注意桌子和长条凳的位置关系。

4. 用空间定位法绘制对面的餐椅（见图6-37）。注意椅背符合近大远小的透视规律，以及餐椅与桌子的位置关系。

5. 用空间定位法绘制吊灯（见图6-38），注意灯线的透视关系。

6. 用空间定位法画出空间透视，并完善结构细节（见图6-39），窗户的右边不画全，给人留下想象的空间。

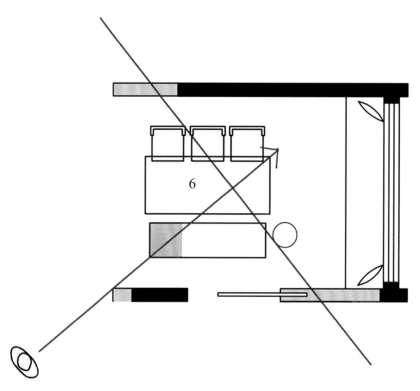

图6-34　步骤一

图 6-35　步骤二

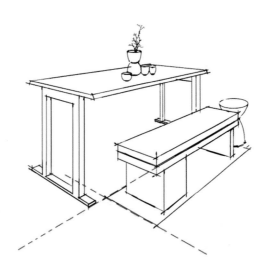

图 6-36　步骤三

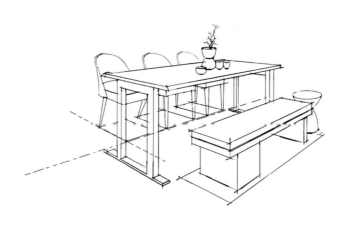

图 6-37　步骤四

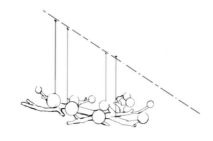

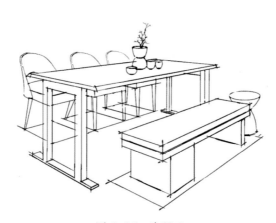

图 6-38　步骤五

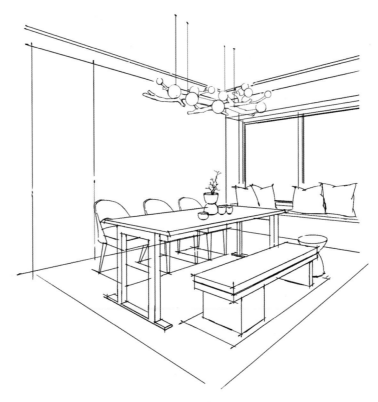

图 6-39　步骤六

三、一点斜透视

一点斜透视是介于一点透视和两点透视之间的透视形式（见图 6-40）。它没有一点透视的呆板，也没有两点透视的难控制和视野狭小。主卧的构图可以选用取两者之长的一点斜透视，这样表现出的画面既接近人的直观感受，又视野广阔、纵深感强。

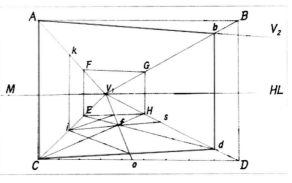

图 6-40　一点斜透视

绘制步骤：

1. 选定站点和视线角度（见图 6-41）：当站点靠向一边时，可借助另一边墙边的家具定具体的站点，辅助家具的透视角度选 45°。

2. 定视平线，忽略前面遮挡视线的墙体，画最前面的家具——床头柜（见图 6-42）。视平线定在与床靠背同高处时，能舍去多余的细节，让注意力集中在设计亮点上。

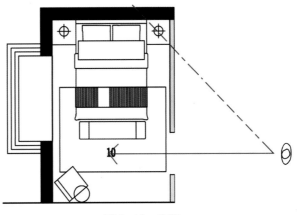

图 6-41　步骤一

3. 用空间定位法完成床组合的绘制（见图6-43）。注意横线不再平行，要向另一个消失点集中。

4. 用空间定位法完成矮柜和单人沙发的绘制（见图6-44），注意矮柜和床组合的位置关系。

5. 用空间定位法画出空间透视（见图6-45），注意天花板的透视要向着另一个消失点集中。

6. 完成空间细节的绘制（见图6-46），画地板的时候要示意一下墙体的位置。

图 6-42　步骤二

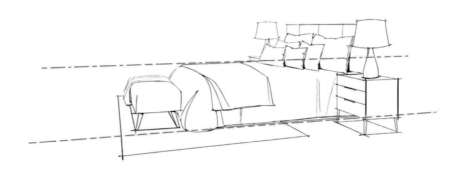

图 6-43　步骤三

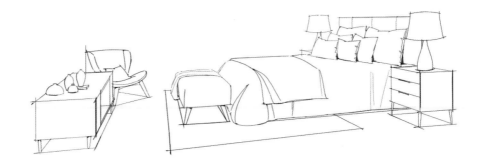

图 6-44　步骤四

图 6-45　步骤五

图 6-46　步骤六

四、案例赏析

次卧和多功能房的线稿空间案例分别如图 6-47 和图 6-48 所示（素材可在技工教育网下载）。

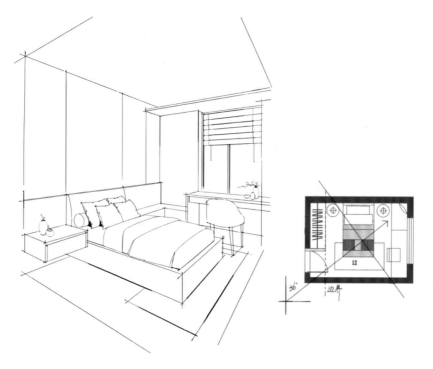

图 6-47　次卧线稿空间案例

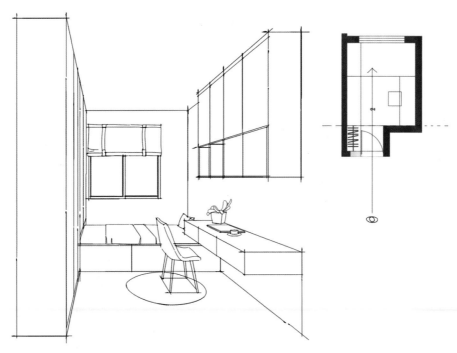

图 6-48 多功能房线稿空间案例

思考与练习

1. 按照步骤分析，完成一点透视、两点透视和一点斜透视的临摹练习。

2. 尝试分析绘制案例赏析的步骤，并完成临摹练习。

3. 尝试选择一个家居空间的平面图，对其中的空间进行手绘表现。

第七章

色彩空间表现

本章知识点

◆马克笔与彩色铅笔的运笔技巧。

◆常用室内材质的色彩表现技巧。

◆单体、组合及空间的色彩表现步骤与

技巧。

色彩关系是突出空间环境、材质肌理、色泽明暗的重要表现手段，是室内手绘表现中冲击力最强的元素。良好的色彩效果能塑造更真实、美观的室内空间效果，更直观、生动地表现设计亮点。

第一节

SECTION 1
色彩运笔练习

学习目标

1. 了解马克笔和彩色铅笔的运笔和叠色技巧。

2. 能用马克笔和彩色铅笔画出渐变效果。

相比传统室内手绘效果图的精细表现，现代手绘追求效率高、表现力强，因此常用的上色工具从水彩转变成马克笔和彩色铅笔。

一、马克笔

目前市场上常见的马克笔为双头马克笔，通过控制握笔的角度、力度和速度，可以画出丰富的笔触变化。

1. 运笔技巧

（1）笔触大小。在使用马克笔的时候比较少用到小笔头，因为只需调整大笔头的角度，就能画出大小不一的线，快速又高效。

把大笔头完全贴在纸张上，画出来的线最粗，此线适合平涂；把笔立起来，用侧缝画出来的线中等粗度，此线适合小面积的绘画或者做过渡；用笔头最短的一侧能画出比小笔头更细的线，此线非常适合做肌理（见图7-1）。

（2）平移。平移是最常用的马克笔运笔技巧，画好平移的秘诀是下笔迅速、果断。在下笔前可用笔头轻点纸面，确定平移的起笔位置和方向，下笔时拿出画快直线的运笔气势，这样画出来的线条硬朗、色彩通透明快（见图7-2）。

（3）斜推。斜推的运笔技巧类似于平移，只是它的笔头角度倾斜，画出来的线较细且带有角度（见图7-3），主要用来处理有棱角的位置，如绘制地面透视效果。在下笔前可轻点纸面，确定倾斜的角度。

（4）飞笔。飞笔，顾名思义，就是在运笔的时候快速飞起，留下从深到浅的笔触（见图7-4）。这种技巧多用于处理画面中需要过渡的地方。画的时候要注意收尾，不要一下飞过头，到处留尾巴；而且也不能多用，否则画面会失去厚重感和力量感。

（5）点。马克笔的点能活跃画面，也会采用"以点带面"的方式表现植物和天空。画的时候要平稳、自然，适当调整角度，画出灵动、活泼的感觉（见图7-5）。点要根据画面的整体需要而适当点缀其中，切勿到处乱点，让画面零碎散乱。

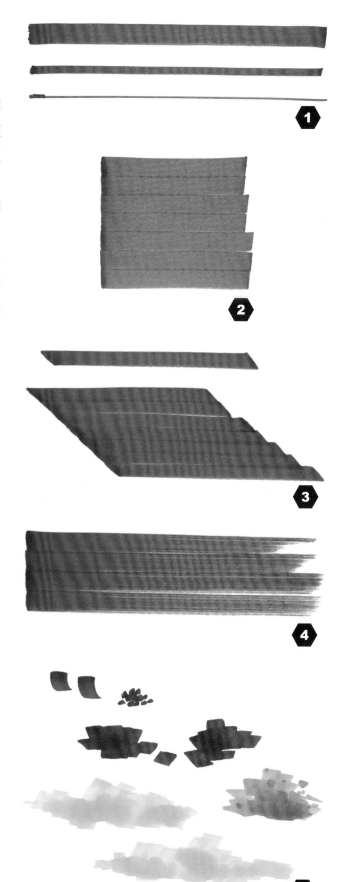

❶ 图7-1　马克笔笔触的大小
❷ 图7-2　平移
❸ 图7-3　斜推
❹ 图7-4　飞笔
❺ 图7-5　点

（6）干画法。当马克笔用得时间较长，墨水变少时，运笔快的时候笔触会变得干枯，有经验的设计师会把这样的马克笔留下来给画面做肌理（见图7-6）。如果做肌理时没有这样的笔，也可以把笔盖掀开，让笔头的墨水挥发一下再使用，同样能画出干枯的笔触。需要注意的是，有些笔已经干到没办法出色，那这些笔则不适合干画法。

（7）湿画法。与干画法不同的是，湿画法不是指用出水多的笔，而是指一种运笔技巧。湿画法与平推的区别在于，平推是一笔一笔地运笔，湿画法是"之"字形快速涂画。这样画出来的笔触会十分柔润，适合用来表现织物之类的柔软物体（见图7-7）。需要注意的是，湿画法虽然笔触很柔润，但运笔一点儿不能拖拉，要快速涂画。

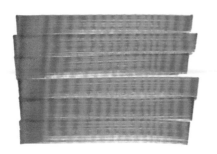

图 7-6　干画法

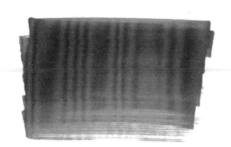

图 7-7　湿画法

2. 容易犯错的地方

马克笔的错误运笔如图7-8所示，具体原因如下：

（1）用力不均。这是初学者最容易犯的错，主要是因为害怕而不敢下笔，压笔不稳。还有一种情况就是对笔头不熟悉，有些马克笔因为质量问题笔头有点儿歪，这个问题完全可以在下笔前轻点纸面时察觉到，有经验的人会及时调整角度。其实这样的笔触不完全是错误的，它能用来做特殊的肌理，如地毯的纹理，只是在平推时出现这样的运笔是不恰当的。

（2）犹豫不决。怕错、控制力低是导致犹豫不决的主要原因，主要表现为运笔缓慢或停留时间过长。这样画出来的笔触颜色会很深，而且笔触会化开，失去了马克笔色彩明快的特点。

图 7-8　马克笔的错误运笔

（3）来回涂画。不同于湿画法运笔的直爽，这种来回涂画是指一小撮一小撮地填颜色，是初学者常见的行为。这样画出来的画面会"糊"成一团，少了明快感。

3.马克笔的渐变训练

（1）"Z"和"N"运笔。"Z"和"N"运笔一般出现在上色范围的1/3处，是马克笔快速表现时处理色彩过渡或渐变的方法，多数和平移搭配使用（见图7-9）。这种过渡切勿用笔过多，一两条线就够了，过多的线反而会有画蛇添足的感觉。"Z"和"N"运笔的时候要注意笔触的变化，从粗到细，让过渡效果更自然。

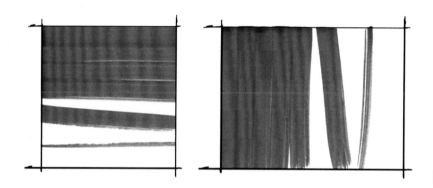

图7-9 "Z"和"N"运笔

（2）单色渐变。马克笔的颜色是固定的，不能像水彩那样调色，但可通过同一支笔的多次叠加加深颜色，做出渐变效果。即先用平移给上色区域画一层底色，再用"Z"或"N"运笔在上面叠加一层色，最后再叠加一层以加重颜色（见图7-10）。

在有透视的平面上做渐变效果时，可以先用细线定好运笔方向再下笔，添加辅助线还能帮助设计者做出多种渐变效果（见图7-11）。

（3）叠色渐变。单色渐变的对比较弱，如果需要对比更明显的渐变效果，可用两支以上马克笔做叠色渐变。叠色渐变的步骤与单色渐变一样。

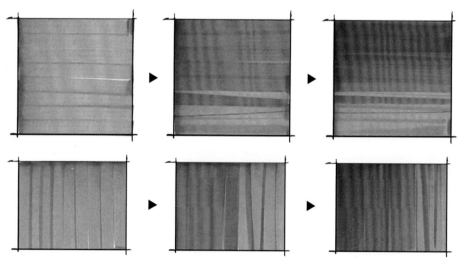

图7-10 单色渐变叠加步骤

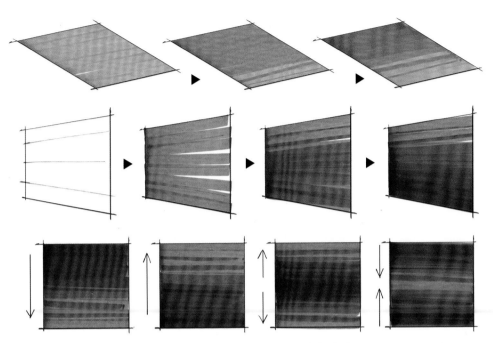

图 7-11 单色渐变绘制技巧及渐变效果

叠色渐变需要注意两点（见图 7-12）：

1）叠色的颜色必须是近似的。叠加纯度或明度加深的同类色、色相相似的近似色，或叠加同色调的灰色，如暖色调叠加 WG（马克笔的暖灰色系列色号）、冷色调叠加 BG（马克笔的蓝灰色系列色号）或 CG（马克笔的冷灰色系列色号），但绝不能叠加对比太强烈的颜色，如红色叠加绿色，这样的叠色会让画面变脏。

2）叠色的顺序必须是从浅到深。若在深色上叠加浅色，浅色会溶解掉深色，虽然这也是一种表现特殊肌理的技巧，但出现在渐变中是不恰当的。

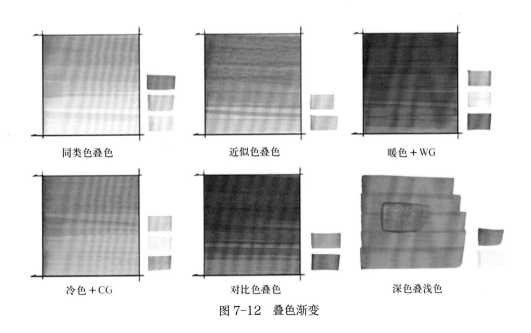

同类色叠色　　　　　　近似色叠色　　　　　　暖色 + WG

冷色 + CG　　　　　　对比色叠色　　　　　　深色叠浅色

图 7-12 叠色渐变

二、彩色铅笔

彩色铅笔能通过力度的控制和排线的疏密变化画出细腻的色彩过渡。室内手绘表现一般不会单独使用彩色铅笔完成画面，通常会将彩色铅笔与马克笔搭配使用（见图7-13）。彩色铅笔在手绘效果图中经常被用来添加物品表面肌理和灯光颜色。

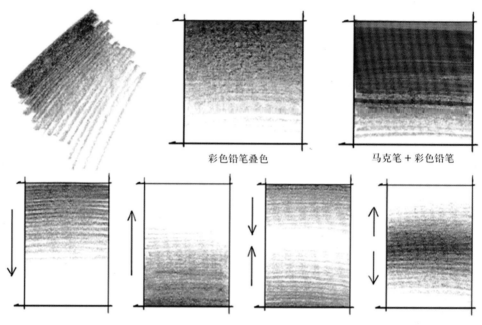

彩色铅笔叠色　　　　　　　　马克笔＋彩色铅笔

图7-13　彩色铅笔技法

思考与练习

在6 cm×6 cm的方格中，根据马克笔和彩色铅笔的练习方法展开练习。

第二节

SECTION 2
材质表现

学习目标

1. 了解石材、木材和织物的肌理表现技巧。

2. 了解抛光、哑光和半哑光材质的质感表现技巧。

3. 能表现常用的石材、木材、织物、乳胶漆、金属、玻璃和镜子材质。

　　材质表现分两步：第一步是表现材料本身的肌理，如石材、木材、织物这类表面有肌理的材料；第二步是表现材料的抛光、哑光或半哑光质感。当两步都表现到位时，就能表现出真实感。

一、肌理表现

　　在室内设计中石材的应用非常广泛，如墙体、地面、台面、陈设装饰等区域都会用到石材。石材种类繁多，比较常见的有大理石、文化砖和马赛克。掌握不同石材的肌理和色彩特点是表现各种石材的关键。

　　木材也是室内设计常用的材料。表现木材要顺着木纹的方向运笔，运笔可以半重叠或适当留缝隙，以强化板材的特点。

　　不同材质的肌理表现如图 7-14 所示。

图 7-14　肌理表现

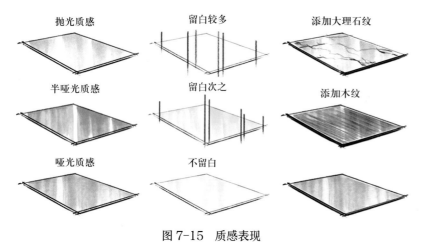

图 7-15　质感表现

二、质感表现

室内材料的质感总共分为三种，即抛光、哑光和半哑光（见图7-15）。

抛光材质的反射率很高，表面明暗变化很大。表现抛光材质时运笔要干净利落，注意留白，等马克笔干透之后再叠加第二层颜色。室内常见的抛光材质有瓷砖、硬质石材、金属、玻璃、镜子、高光漆等。

哑光材质的反射率很低，表面明暗变化小，过渡柔和，没有留白。表现哑光材质时一般用湿画法。室内常见的哑光材质有乳胶漆、软质石材、织物、植物等。

半哑光材质介于抛光材质与哑光材质之间，表现的诀窍是先按哑光材质表现，再加上抛光材质的表现。需要注意的是，半哑光材质的留白要比抛光材质的少。室内最常见的半哑光材质就是木材。

思考与练习

　　1. 临摹室内装饰常用材料的色彩表现，进一步提高马克笔和彩色铅笔的掌握程度。

　　2. 尝试根据材料的实物图进行手绘色彩表现。

第三节

SECTION 3

色彩单体

学习目标

1. 了解色彩的结构表现技巧。

2. 了解绘制茶几、椅子和沙发的步骤和技巧。

3. 能应用材质的色彩表现技巧绘制单体家具。

本节重点讲解如何运用色彩表现单体家具的结构和材质。

一、色彩原理

要想表现好物体的结构，首先需要把物体的明暗关系和明暗层次变化理解到位。

物体在光线照射下会出现三种明暗关系，即亮面、灰面和暗面。三大面的明暗变化显现为五个层次：直接受光的亮面，过渡的灰面，处于亮面与暗面转折交界的明暗交界线，处于背光面的暗面，受周边物体反光而产生的反光面。其中，亮面最浅，灰面的色彩纯度最高，明暗交界线的颜色最深，暗面变灰。

在室内手绘表现中所有物体都可以理解为方体和圆柱体，它们的明暗层次和表现技巧如图 7-16 所示。初学者要重点掌握它们的运笔方向和颜色的明度与纯度的渐变变化。

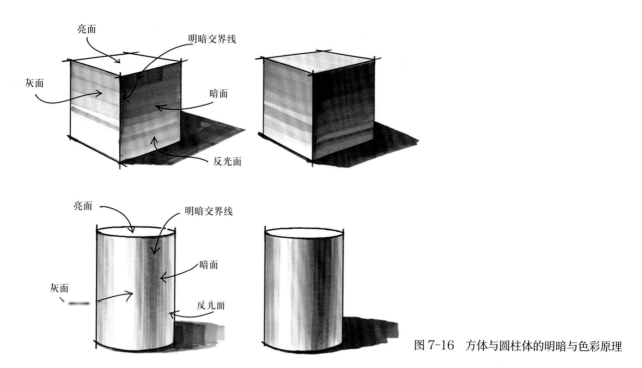

图 7-16　方体与圆柱体的明暗与色彩原理

二、茶几

市场上常见的茶几材质有木材、石材、金属、玻璃等。本节将以木材茶几为例，重点讲解木材家具的上色技巧。

绘制步骤：

1. 在茶几亮面用飞笔扫出浅浅的一层底色，不用担心画出界，后面用更深的颜色就能覆盖（见图 7-17）。

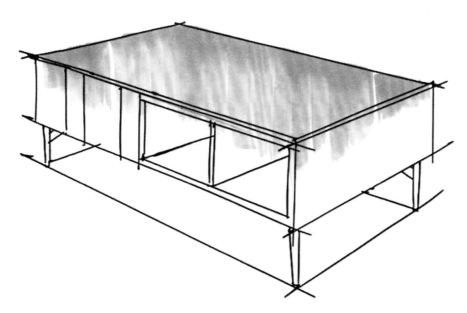

图 7-17　步骤一

2. 用平移法绘制灰面和暗面，灰面的颜色最接近茶几本身的颜色，注意暗面选择纯度低一点儿的颜色，否则家具三大面的色彩会缺少层次变化（见图7-18）。

3. 加重表现转折的交界处，并用细线添加木纹的肌理（见图7-19）。

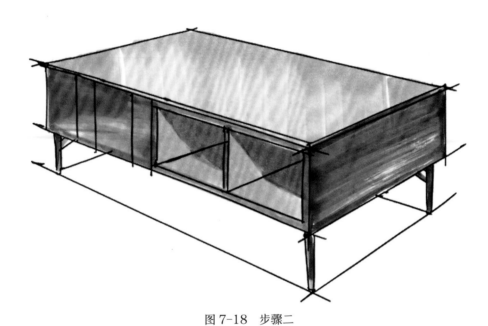

图7-18　步骤二

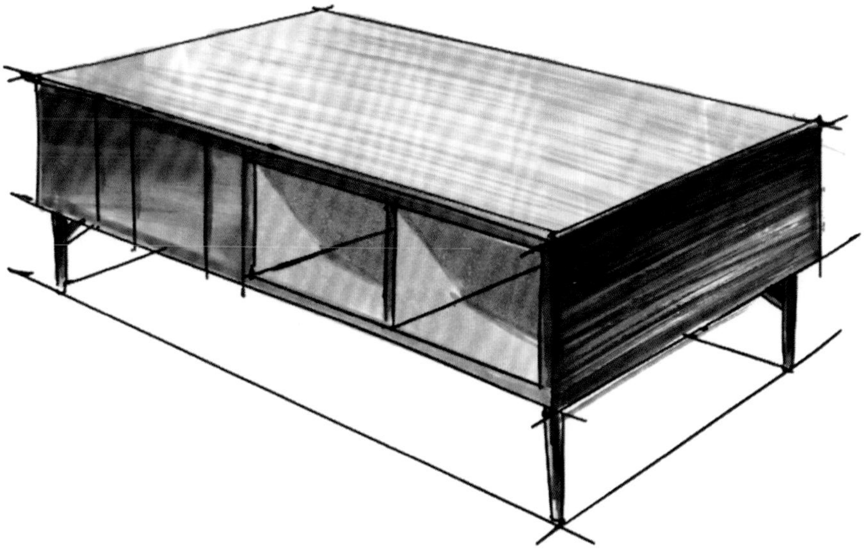

图7-19　步骤三

4. 用湿画法绘制投影，在暗面添加"点"以调节画面（见图 7-20）。

5. 添加台面反光和光源色，适当调节明暗对比和肌理，最后用高光笔提亮边角（见图 7-21）。上高光的时候注意高光笔不要沾上彩色铅笔，否则高光笔会堵塞。

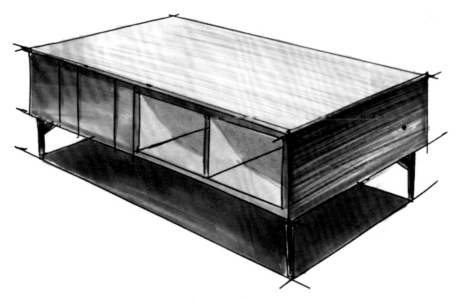

图 7-20　步骤四

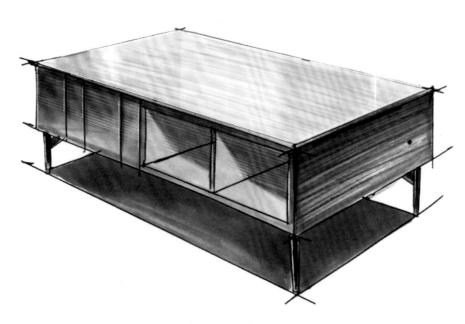

图 7-21　步骤五

上色技巧：

只需改变材质和色彩，就能表现出完全不同的另一种家具。因此，要熟练掌握各种材质的特点。例如，木材质地偏软，属于半哑光材质，绘制时可在颜色半干时叠色；石材质地偏硬，属于抛光材质，留白范围要大，绘制时运笔要爽快，等上一层颜色干透后再叠色（见图 7-22）。

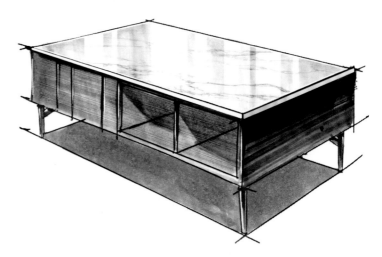

图 7-22 大理石材质的茶几

三、椅子

绘制步骤：

1. 轻而快地运笔，给受光的坐垫和靠背上一层底色，并趁颜色未干时加深靠背，注意靠背顶因受光要预留白边（见图 7-23）。

2. 给椅脚的正面上一层金属的底色，注意留白。等坐垫和靠背的颜色干透后，用深一号的马克笔刻画坐垫和靠背的转折面，适当加深靠背的底部（见图 7-24），要利用好马克笔的特性，在等颜色干透的时间可以刻画其他区域。

3. 用深一号的颜色给金属椅脚打底色，并涂画坐垫和靠背的暗面（见图 7-25）。注意暗面不要做太多的笔触和留白，和亮面形成对比。

4. 加重明暗交界线，在灰面添加笔触，并用高光笔提亮（见图 7-26）。注意所有明暗交界线的深浅变化，保持前实后虚，不要刻板处理。

5. 添加光源色和投影，用高光笔和WG7 进一步刻画金属的质感，增强明暗对比（见图 7-27），最后可以用高光笔遮挡不小心画过了的颜色。

图 7-23 步骤一

图 7-24　步骤二

图 7-25　步骤三

图 7-26　步骤四

图 7-27　步骤五

上色技巧：

金属材质和木材的椅脚绘制步骤是一致的，区别在于它们之间的质感。金属材质反光强烈，明暗对比大；而木材质感柔润，明暗对比小（见图7-28）。

图 7-28　木椅脚的餐椅

四、单人沙发

绘制步骤：

1. 在亮面铺底色，注意留白（见图7-29）。表现曲面的软物时可用湿画法，在颜色干透之前快速晕染。

图 7-29　步骤一

2. 用湿画法在灰面铺底色，适当表现它的结构，并加重脚凳的后方（见图 7-30）。注意这一步一定要在这个阶段提前做好，等颜色干透后再加重就会出现笔触。

3. 用湿画法在暗面铺底色，并用颜色表现椅脚的结构（见图 7-31）。这时可以看到，前一步加重脚凳后方的处理能更好地衬托脚凳的反光面。

图 7-30　步骤二

图 7-31　步骤三

4.加重扶手和靠背的缝隙，绘制枕头和投影，等椅子的颜色干透后添加笔触（见图 7-32）。要特别注意，用湿画法画完织物后一定要添加笔触，否则画面会很"糊"。

5.添加光源色，用高光笔提亮（见图 7-33）。

图 7-32　步骤四

图 7-33　步骤五

上色技巧：

无论是改变颜色或者款式，沙发的绘制步骤都是一样的。需要注意的是，笔触不要到处加，否则画面会显得太"碎"。同时，从图 7-34 中可以看出，若脚凳后方没有加重处理，脚凳和沙发之间的前后空间感会被削弱。

五、案例赏析

色彩单体的手绘效果图案例如图 7-35 至图 7-37 所示（素材可在技工教育网下载）。

图 7-34　红色的单人沙发

图 7-35　色彩单体手绘效果图案例一

图 7-36 色彩单体手绘效果图案例二

图 7-37　色彩单体手绘效果图案例三

思考与练习

1. 完成方体、圆柱体和球体的明暗练习。

2. 根据步骤分析和绘制技巧，完成茶几、餐椅和单人沙发的上色练习。

3. 临摹色彩单体家具的手绘效果图案例。

第四节

SECTION 4
色彩组合

学习目标

1. 了解绘制餐桌组合、床组合和沙发组合的步骤和技巧。

2. 能独立绘制组合家具。

本节重点讲解如何处理组合家具的空间关系。

一、餐桌组合

1. 统一给所有家具的亮面铺底色（见图 7-38）。

2. 统一给所有家具的灰面铺底色，大致表现整体的虚实关系（前实后虚）（见图 7-39）。

3. 统一给所有家具的暗面铺底色，注意前实后虚（见图 7-40）。

4. 添加材质肌理和笔触，深入刻画家具细节。在这一阶段要整体处理组合的虚实关系，后面的餐椅靠背不用加肌理（见图 7-41）。

5. 添加光源色和投影，用高光笔提亮（见图 7-42）。

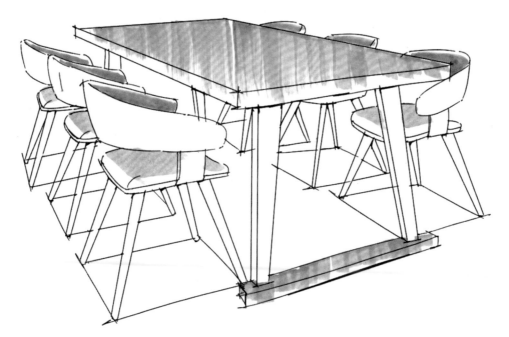

图 7-38 步骤一

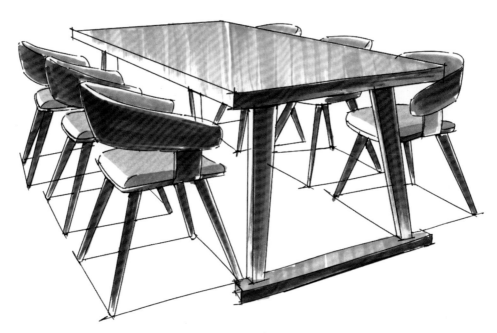

图 7-39 步骤二

图 7-40　步骤三

图 7-41　步骤四

图 7-42　步骤五

二、床组合

1. 统一给所有家具的亮面铺底色，床垫的亮面和后排的枕头做留白处理，以突出组合的视觉中心（见图 7-43）。

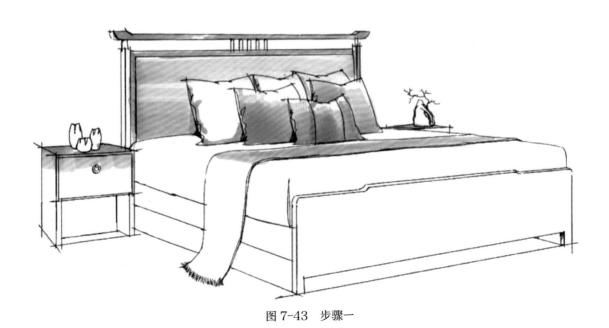

图 7-43　步骤一

2. 由于床架和床头柜是同一种材质，用的马克笔色号一致，所以要统一处理它们的灰面和暗面，大致表现它们的明暗关系（见图 7-44）。

3. 刻画床垫，并给床架的床头柜添加肌理，在等待颜色干透的过程中添加枕头的投影（见图 7-45）。

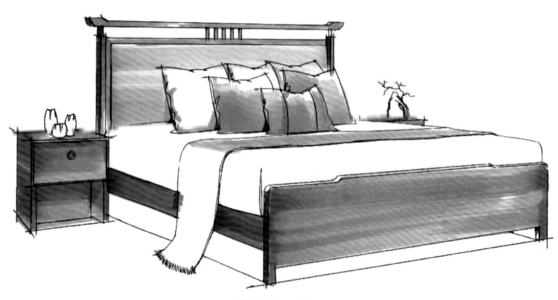

图 7-44 步骤二

图 7-45 步骤三

4. 刻画床靠背，添加投影（见图 7-46）。

5. 添加光源色，用高光笔提亮（见图 7-47）。本组合中的摆件不在视觉中心处，只需铺底色即可。

图 7-46　步骤四

图 7-47　步骤五

三、沙发组合

1. 占地面积较大的组合先从视觉中心的家具（即茶几）开始上色，给茶几铺一层底色，大致表现材料的质感和明暗关系（见图 7-48）。

2. 画视觉中心家具茶几后面的家具，给转角沙发铺一层底色，大致表现它的质感与明暗关系。要注意主灯光打在茶几上，因此要分析转角沙发的亮面、灰面和暗面（见图 7-49）。

图 7-48　步骤一

图 7-49　步骤二

3. 给单人沙发和地毯铺底色，铺地毯的底色时适当地表现它的纹理（见图 7-50）。

4. 添加笔触，深入刻画家具细节。在这一阶段，要整体处理好组合的层次关系。由于主灯光打在视觉中心的家具茶几上，所以茶几的明暗对比最大、纯度最高。与视觉中心的家具茶几产生遮挡关系的家具，其明暗对比和纯度要弱化处理，以突出主次关系（见图 7-51）。

图 7-50　步骤三

图 7-51　步骤四

5. 添加光源色，用高光笔提亮，刻画地毯肌理，调整投影的层次（见图 7-52）。地毯面积较大，本身也有前后虚实变化，因此表现地毯时前面部分的肌理要清晰，后面部分的肌理较模糊。

图 7-52　步骤五

四、案例赏析

色彩组合的手绘效果图案例如图 7-53 至图 7-57 所示（素材可在技工教育网下载）。

图 7-53　色彩组合手绘效果图案例一

图 7-54 色彩组合手绘效果图案例二

图 7-55　色彩组合手绘效果图案例三

图 7-56 色彩组合手绘效果图案例四

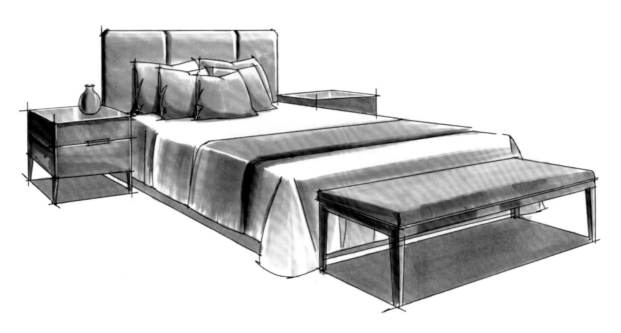

图 7-57 色彩组合手绘效果图案例五

思考与练习

1. 根据步骤分析和绘制技巧，完成餐桌组合、床组合和沙发组合的色彩练习。

2. 临摹色彩组合家具的手绘效果图案例。

SECTION 5

色彩空间

学习目标

1. 了解绘制客厅、餐厅和卧室空间色彩的步骤和技巧。

2. 能独立绘制色彩空间效果图。

本节重点讲解如何处理空间整体的色彩关系。

一、客厅

1. 给主体家具组合铺底色，靠近画面的家具适当表现肌理，注意沙发亮面的留白（见图 7-58）。

2. 刻画沙发背景墙，不用特意绕开石头摆件，可以后期用高光笔处理。射灯在墙上的投影用湿画法快速填涂，切勿过分填涂，否则容易晕开（见图 7-59）。

3. 刻画地板和地毯，深入刻画茶几和单人沙发，地毯的花纹不用特意绕开椅脚（见图 7-60）。

4. 刻画电视背景墙。由于本空间的视觉中心是沙发组合，故电视背景墙应弱化处理，以突出主次关系（见图 7-61）。

5. 统一处理画面的明暗关系，深入刻画家具细节，加光源色，用高光笔提亮，以塑造前实后虚的空间感（见图 7-62）。

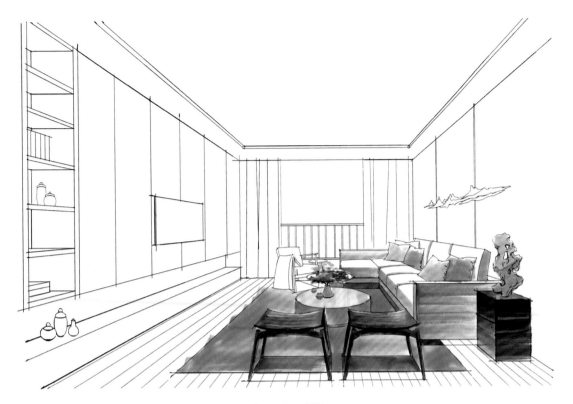

图 7-58 步骤一

图 7-59 步骤二

图 7-60　步骤三

图 7-61　步骤四

图 7-62 步骤五

二、餐厅

1. 给主体家具组合铺底色，大致表现结构与明暗关系（见图 7-63）。

2. 进一步刻画主体家具组合，给干透的前排家具添加肌理（见图 7-64）。

3. 给地板、窗台和摆件铺底色（见图 7-65）。

4. 给干透的地板添加纹理，注意纹理的前实后虚（见图 7-66）。

5. 简单处理背景、天花板和窗外风景，深入刻画主体家具细节，以凸显画面的主次关系（见图 7-67）。

图 7-63　步骤一

图 7-64 步骤二

图 7-65　步骤三

图 7-66 步骤四

图 7-67　步骤五

三、卧室

1. 给主体家具组合铺底色（见图 7-68）。

2. 给次要家具组合铺底色，确定主体家具的色彩搭配（见图 7-69）。

图 7-68 步骤一

图 7-69 步骤二

3. 刻画硬装部分，注意台灯投影的透视关系（见图 7-70）。

4. 添加笔触，深入刻画家具细节（见图 7-71）。

5. 统一处理画面整体效果（见图 7-72）。

图 7-70　步骤三

图 7-71　步骤四

图 7-72 步骤五

四、案例赏析

色彩空间的手绘效果图案例如图 7-73 至图 7-85 所示（素材可在技工教育网下载）。

图 7-73 色彩空间手绘效果图案例一

图 7-74　色彩空间手绘效果图案例二

图 7-75 色彩空间手绘效果图案例三

图 7-76　色彩空间手绘效果图案例四

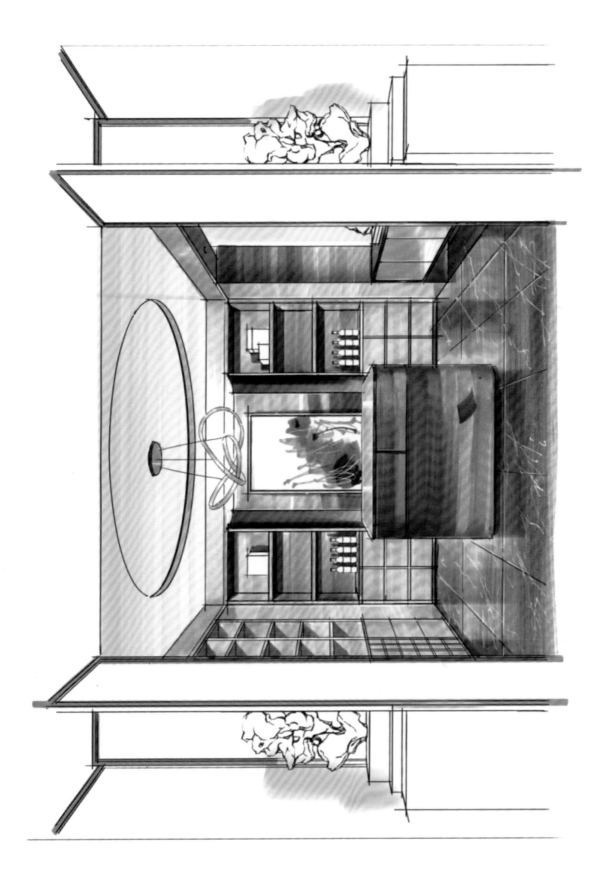

图7-77 色彩空间手绘效果图案例五

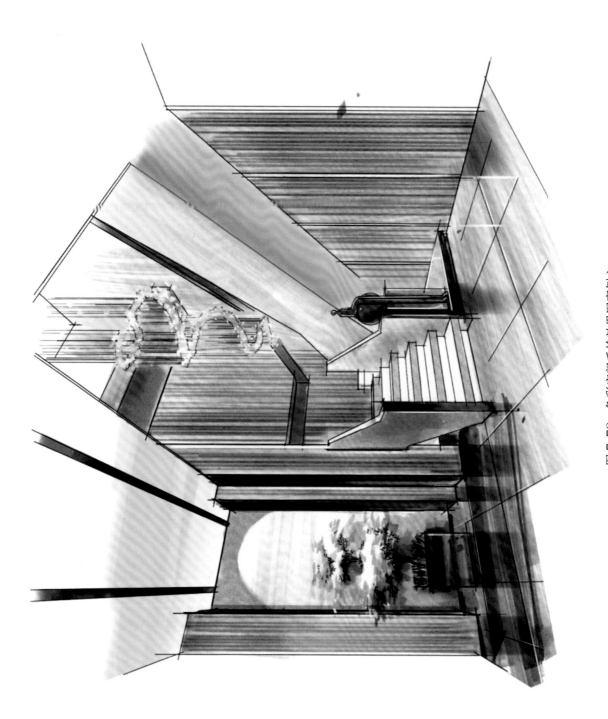

图 7-78　色彩空间手绘效果图案例六

图 7-79 色彩空间手绘效果图案例七

图7-80 色彩空间手绘效果图案例八

图 7-81 色彩空间手绘效果图案例九

图7-82 色彩空间手绘效果图案例十

图7-83 色彩空间手绘效果图案例十一

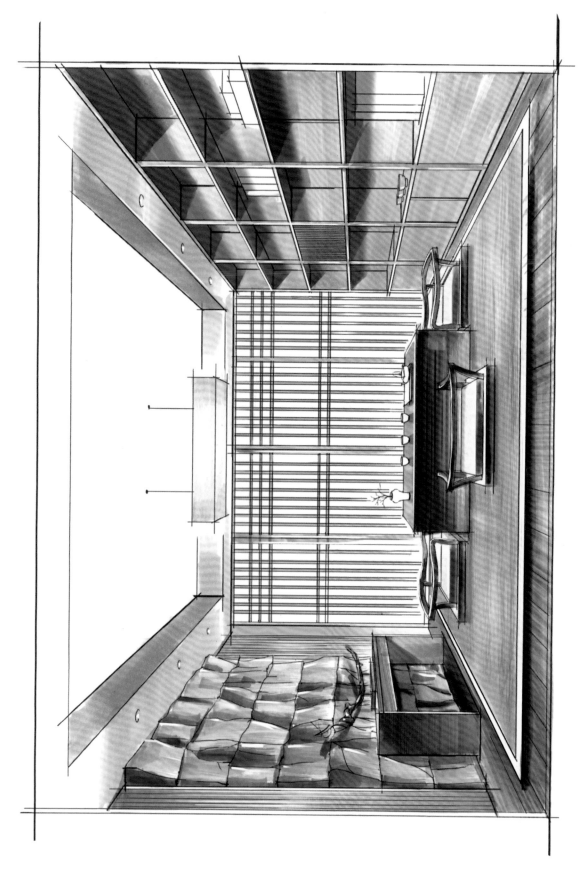

图 7-84　色彩空间手绘效果图案例十二

图7-85　色彩空间手绘效果图案例十三

思考与练习

1. 根据步骤分析和绘制技巧，完成客厅、餐厅和卧室的色彩手绘表现练习。

2. 临摹色彩空间的手绘效果图案例。